말 안 듣는 우리 아이가 영재였다니

말 안 듣는 우리 아이가 영재였다니

신성권 지음

생각의빛

프롤로그

 이 책은 이미 사회적으로 잘 적응하여 우수한 성취를 보이고 있는 영재들보다는 우리 주변에 영재성이 간과된 채로 방치된 '소외된 영재'와 '미성취 영재'들을 위해 쓰였다. 특히 '장애'와 '영재성'을 함께 가지고 있는 '2E 영재'들에게도 새로운 가능성과 희망을 줄 수 있을 것이다. 이 책이 영재들의 정서적 측면을 이해하는 데 큰 도움이 되고, 아이의 영재성을 발굴하고 지도할 수 있는 독자들의 지평을 확대하는 데 도움이 되길 바란다.

 1946년 영국에서 탄생한 'Mensa'라는 고지능 단체는 IQ가 상위 2% 안에 드는 사람들에게만 회원 자격을 부여하는 독특한 곳이다. 오늘날 세계 100개국 이상에 10만 명 이상의 회원이 가입해 있으며, 전세계 멘사 회원 중 유명 인사로는 도널드 피터슨(포드사의 전 회장), 이자크 아니모프(세계적인 작가), 지나 데이비스(미국의 여배우), 보브 스페자(도미노의 귀재), 마릴린 사반트(세계 최고의 IQ 228의 보유) 등이 있다. 한국에서는 1996년 첫 테스트를 시행하였고

1998년 'Mensa Korea'가 정식 출범하였다.

필자는 2014년부터 '멘사 코리아'의 회원으로 활동하였고, 그 과정에서 멘사 회원들을 많이 만나볼 수 있었다. 이들 모두가 명문대를 진학했거나 입이 떡 벌어지는 직업을 가진 것은 아니었지만, 이들에게서 하나같이 발견되는 공통점이 있었다. 보기만 해도 머리가 지끈거리는 추리 문제로 지적 유회를 즐기는 사람들부터 시작해 학업에 깊은 뜻을 가지고 대학원에 진학하려는 사람들이 많았다. (필자도 이에 해당한다)

하지만 가장 독특했던 점은 사고가 개방적이고, 고유의 관심사와 정신세계가 뚜렷하며, 굉장히 추상적이고 난해한 주제들에 대해서도 자연스러운 대화가 가능했다는 점이다. 예를 들어, 친목을 다지는 초면의 자리에서 '죽음'이나 '인류의 평화' 등에 관한 이야기를 꺼내는 사람이 있다면 그 사람이 어떠한 취급을 받을지는 우리가 쉽게 예상할 수 있을 것이다. 하지만 '멘사'라는 곳은 상식을 약간 벗어날 수 있다. 첫 만남에서부터 일상적 범주를 벗어나는 다양한 주제들에 대해서 솔직한 의견 표출과 토론이 가능하다는 뜻이다. 이들은 다분히 논쟁적이며 서로에게 논리적 허점이 발견되면 승부가 날 때까지 치고받는 경우가 많다. (물론 뒤풀이가 가능한 선에서다)

일상에서는 사람들과의 원활한 관계를 유지하기 위해 억압해왔던 생각들을 지적 유사성을 보이는 사람들 앞에서만큼은 방출할 수 있게 되는 것이다. 그만큼 멘사 회원들의 사고방식이나 지적인 개성이 남다르다는 방증일 것이다.

필자는 이 '멘사'라는 집단과 인연을 맺고부터 인간의 '지능'과 '영재성'에 대해 큰 관심을 갖게 되었다. 보통, IQ라 함은 인지적 능력이 얼마나 우수한지를 나타내는 지표로 활용되지만, 그 인지적 우수성이 어떻게 남다른 사고방식과 독특한 행동 양상을 만들어낼 수 있는지에 대해 강한 호기심을 느낀 것이다.

물론 필자가 단순히 멘사 회원이기 때문에 '영재성'에 관심을 갖게 된 것은 아니며, 필자의 목표 역시 단순한 '지능' 탐구에만 국한되지 않는다.

조직과 사회가 혁신과 발전을 이뤄내기 위해서는 '영재성'에 대한 사회의 인식을 변화시키고, 각 개인들이 각자의 고유성에 자부심을 갖고 재능을 펼칠 수 있도록 해야 한다는 것에 통감하여 책을 펴내게 된 것이다.

필자는 홀로 튀기보다는 다른 사람과 닮기 위해 노력하고 대세를 거스르지 않는 것을 미덕으로 가르치는 문화가 개인의 행복을 억압하고 조직과 사회의 발전을 가로막는다고 본다.

'집단주의'는 분명 '양적 성장'을 이뤄내는 데 큰 강점으로 작용했다. 집단적 차원에서 일정한 이념을 받아들이면 그 구성원들은 그 기준을 일사불란하게 학습하고 적용해낼 수 있었다. 하지만 창의가 핵심인 '질적 성장'에 있어서는 걸림돌로 작용할 소지가 있다. '우리'라는 가치가 어느 순간부터 개인들의 '자유'와 '개성'을 억압하는 '우리'로 악용되기 시작했기 때문이다. 그리고 각 개인이 가진 '영재성'은 억압받는 '자유'와 '개성' 속에 갇히게 되었다.

필자는 개인의 자율성과 개성이 존중받는 문화에서, 각종 지식과 정보에 대한 접근이 용이한 곳에서 창의와 혁신이 일어날 수 있다고 진단한 후 조직에 대해 논하기 전에 먼저 개인이 가진 고유성에 집중하기로 했다. 물론 그 고유성이란 지능과 창의성을 비롯한 개인의 모든 특성이 포함된다. 개인의 고유성에 대해 집중하다 보면 모든 사람을 획일적 기준에 가두는 것에 대해 의문을 효과적으로 제기할 수 있을 것이다.

물적 자원이 부족한 나라에서 개인들의 두뇌를 비롯한 인적 자원은 매우 중요한 가치를 갖는다. 하지만 이러한 나라에서 개인들이 가진 다양한 두뇌를 한 가지 색깔로 획일화한다는 것은 국가적 차원의 자살행위와도 같은 것이다.

대한민국이 '질적 성장'을 이뤄내기 위해서는 '영재성'에 대한 사회의 인식을 변화시키고, 각 개인들이 주체적인 사고와 판단력에 따라 각자의 고유성에 자부심을 갖고 재능을 펼칠 수 있도록 해야 한다는 것에 통감하는 바이다.

필자는 국내외에 출간된 영재 관련 전문 서적과 논문을 통해 '영재'에 대한 많은 정보와 지식을 접할 수 있었으며, IQ가 영재의 기준을 뛰어넘는 사람들과 교류해오며 얻었던 경험들을 접목시킬 수 있었다. 물론 IQ가 높은 멘사 회원이라고 해서 모두 영재인 것은 아니다. 영재를 판별하는 기준에는 높은 IQ 외에 창의성이나 과제집착력 등 비인지적 요소도 함께 고려되기 때문이다. 단순히 IQ만 높은 경우라면, '영재'보다는 '고지능자'나 '영재성이 있는 사람' 정도 표현이 적합할 것이다. 하지만 , '고지능자'들은 높은 인지적 능력과 그에 따른 독특한 내적 경험을 가지고 있다는 점에서 '영재'와 그 성질이 공통되는 부분이 있다. 이 점에서 보통 사람들이 이해할 수 없는 영재들의 고유한 내면과 사고방식을 쉽게 공감하고, 이를 독자들이 쉽게 이해할 수 있도록 풀어 설명하는 데 큰 도움이 되었다고 생각한다.

처음에는 영재들의 특성에 관한 원론적인 지식들을 접했지만, 공부해갈수록 영재 교육에도 점차 관심을 두게 되었다. 하지만 공부 도중 깨달은 것은 안타깝게도 우리나라의 영재교육이 지나치게 인지적 능력과 학업 성적 향상에만 비중을 두고 있다는 점이었다.

1920년대부터 영재 및 영재의 교육 방법에 대해 연구와 논의가 활발하게 이루어져 왔던 미국과 달리 한국에서는 비교적 최근에 와서야 '영재'가 연구의 대상으로 주목받았다. 때문에 교육자를 비롯한 국민 대다수가 '영재'의 지적인 우수성에만 집중하고 있을 뿐 '정서적 특성'이나 독특한 사고방식, 그리고 그에 따른 행동 양상들에 대해서는 잘 알지 못하고 있는 것이 현실이다.

영재라 한다면 단순히 IQ가 높고 공부를 잘하며 부모와 선생님의 말씀을 잘 듣는 모범적인 아이 정도로 인식되는 것이 우리 교육의 현주소다. 교육 전문가라 할 수 있는 교사들도 '영재'에 대한 인식이 일반인과 크게 다르지 않다. 교사는 현실의 교육 현장에서 자신의 지시를 잘 따르고 학교의 권위에 순종하며 공부를 잘하는 학생만을 영재로 생각하는 경향이 있기 때문이다.

하지만 우리의 상식과 달리 영재라고 해서 반드시 공부를 잘하는 것은 아니며 IQ가 생각보다 높지 않을 수도 있다. 또한, 영재아는 통찰력이 우수하고 자기 생각이 강한 경향이 있기 때문에 부모나 교사의 일방적 지시에 불응하고 충돌하는 경우가 많다. 발달한 인지적 능력과 강한 자아는 또래들과의 관계에서 이질감을 심화시키기도 한다. 그 때문에 학교에 부적응하거나 일명 왕따를 당하는 아이들 중에 영재가 숨어있을 수 있다.

왜 영재들은 이러한 모습을 보이는 것일까? 이에 대한 긴 이야기는 본문에서 함께 다루도록 하고, 필자가 독자들에게 강조하고 싶은 점은 학업 성적이나 단편적인 IQ 수치만으로 아이의 영재성을 판단하지 말라는 것이다. 이와 같은 방법으로는 아이의 영재성을 발견하지 못할 공산이 크다. 성적표와 IQ 검사지에 반영되지 않는 아이의 재능은 분명히 존재하며, 아이의 정서적 특성, 행동적 특성 모든 것을 고루 살펴봐야 비교적 정확한 진단을 내릴 수 있을 것이다.

특히, 학업 성적만으로 아이의 영재성을 판단한다는 것은 지양해야 한다. 현재 학교에서 진행되는 교육방식은 영재보다는 수재에게 유리한 구조이기 때문이다. 다시 말해 학교에 부적응하지 않을 만큼의 적절한 성향을 지닌 아이들, 평균적인 능력보다 약간 우위를 가지고 노력에 따라 모든 과목을 골고루 균형 있게 잘할 수 있는 수재형 학생들이 더 유리한 구조라는 것이다. 오히려 자아가 강하고 영역별 재능의 편차가 심하며, 자신이 흥미를 느끼는 분야에만 집요하게 파고드는 몰입형 영재들의 경우 고르지 못한 학업 성취도를 보일 가능성이 크다.

영재교육의 핵심은 먼저 '영재'를 바르게 이해하는 것에서부터 시작해야 한다. '영재'를 모든 면에서 모범적인 아이로 가정하고 무분별하게 아이를 그 틀에 끼워 맞추려 든다면 아이는 불필요한 스트레스에 노출되고 큰 상처를 입게 될 것이다.

필자는 영재아의 기본적 특성부터 시작해 우수한 인지적 특성과 독특한 정서적 상태가 어떠한 행동 패턴으로 이어지는지, 영재아는 주로 어떤 고민을 하고 어떠한 고통을 겪는지, 이에 따른 적절한 지도 방법이 무엇인지에 대해 다루려고 노력하였다.

'자녀'라는 존재는 모든 부모에게 있어 그 자체로 가장 소중한 존재이자 삶의 일부이다. 아이가 건강하게 태어나 준 것만으로도 큰 기쁨이고 감사할 일이지만, 점차 아이가 성장해 나갈수록 아이에 대한 부모의 기대 역시 성장하기 마련이다. 그리고 언제나처럼 아이의 영재성에 대해 큰 관심을 갖고 영재 관련 서적을 펼치게 된다. 하지만 영재성에 대한 이론서나 논문을 직접 찾아 공부하는 것은 일반인 입장에서 굉장히 따분한 일이 아닐 수 없다. 그래서 필자는 '영재'에 관한 딱딱하고 지루한 이론을 최대한 독자들이 쉽고 부담 없이 이해할 수 있도록 전달하기 위해 노력하였다.

제1장
우리 아이, 영재인가?

'영재'란 무엇이고 어떠한 기본 특성을 가지고 있는가?
IQ가 높거나 학업 성적이 우수한 아이들을 '영재'라고 하는가?

누가 영재인가?

영재 Gifted person : 비범한 잠재력의 소유자

'영재'라는 단어는 여러 복잡 미묘한 것들을 함축하는 단어다. 아이를 둔 부모라면 '영재'라는 단어에서 커다란 기대감을 느낄 수도 있고, 들었을 때 기분은 좋지만 매우 부담스러운 느낌도 들 수 있는 단어다. 왜냐하면 '영재'라는 단어가 주는 느낌은 실로 매우 강렬하기 때문이다. 영재는 곧 특별함을 의미한다. 학부모들 사이에서는 자신의 아이가 우수하다는 것을 극단적으로 나타내는 단어가 되며, 평범한 또래들 사이에서는 군계일학을 자처하는 말이 된다.

하지만 모든 어려운 문제를 척척 풀어내고, 모든 것에 능통한 모습을 보이는 팔방미인형 아이들을 영재라고 하는 것일까?

영재에 대한 정의는 정의하는 주체마다 조금씩 차이가 있기는 하지만, 한국의 영재교육 진흥법 제2조에서는 영재를 '재능이 뛰어난 사람으로서 타고난 잠재력을 계발하기 위하여 특별한 교육이 필요한 사람'으로 정의하고 있다. 영재를 연구하는 학자들도 대부분 우수한 잠재력과 그 개발 가능성에 무게를 두고

있다.

즉, 어느 정도는 선천적으로 뛰어난 소질을 보유했다는 것을 의미하는 것인데, '선천적으로 뛰어난 소질'은 대체 어느 정도의 수준을 말하는 것일까?

다음의 영재 후보 중에서 누가 영재이고 영재가 아닌지 가려내보자.

1. 초등학교 때 이미 2개 국어를 구사했으며, 고등학교 수학 과정을 마스터하고 어린 나이에 하버드 대학 박사과정에 진학한 25세 엄치나 씨.

2. IQ가 140이고 모든 과제에 성실하며, 반에서 1등을 놓치지 않는 초등학교 3학년 영희.

3. 독창적이며, 기발한 그림을 그려내지만 정작 수학 및 과학에서 너무 형편없는 점수를 보이는 철수.

4. IQ가 160이나 되지만 특별한 성취도 없이 평범하게 성장한 40대 직장인 김민섭 씨.

5. IQ 95에 공부를 못하며 또래들에게 왕따를 당하지만, 피아노를 비롯한 각종 악기에 큰 흥미와 재능을 보이는 9살 진영이.

정답은 "위의 모습만으로 각자가 영재인지 100% 장담할 수 있는 것은 아니지만, 모두 영재에 해당할 가능성이 있다"이다.

아마도 대부분의 사람에게 있어 영재의 이미지는 IQ가 매우 높고, 한번 본 책의 내용을 그대로 암기하며, 어린 나이에 초일류 명문대학에 입학하는 등 학습 능력 차원에서 보통 사람을 크게 압도하는 모습을 떠올릴 것이다. 그래서 독자들 대부분은 위의 1번과 2번은 영재라고 수긍을 하면서도 나머지 3, 4, 5번에 대해서는 고개가 갸우뚱했을 것이다. 특히, 40세의 직장인 김민섭 씨는 나이가 많고 평범하다는 이유로 더욱더 영재가 아니라고 느꼈을 것이다.

영화, 드라마, 소설 등 각종 문화 매체에서 등장하는 영재들의 모습은 극도로 과장되고 비범하게 그려지는 경향이 있는데, 이 점이 영재에 대한 대중의 인식을 극단적으로 만드는데 기여한 바가 없지 않다. (이렇게 높게 설정된 기준 때문에 실제로 영재임에도 영재로서의 적절한 대우를 받지 못하는 학생들이 생기게 된다) 하지만 모든 영재가 어린 나이부터 세상을 떠들썩하게 할 만한 재능을 보이는 것은 아니다. 매체에서 비범한 모습으로만 다뤄지는 것과 달리 평범한 모습을 하고 있는 영재들이 훨씬 많다. 심지어 학교에 부적응하는 미성취 영재들의 경우 학업 성적이 평균보다 낮은 경우도 어렵잖게 찾아볼 수 있다.

영재는 우리 주변에 생각보다 흔하며 그 종류도 다양하다는 것을 알아야 한다. 높은 IQ를 가진 사람, 창의성이 뛰어난 사람, IQ만으로 측정되지 않는 기타 능력이 뛰어난 사람들을 모두 포괄할 수 있는 개념이다. 세계보건기구(WHO)는 전체 인구의 2% 정도가 영재라고 추정하며, 어떤 학자들은 5%까지 보기도 한다. 2%~5%는 매우 희소해 보이는 수치지만, 최소 50명 중 1명 이상은 영재에 해당한다는 말이고, 생각보다 주변에서 어렵지 않게 찾아볼 수 있음을 의미한다. 가족 중에 있을 수도 있고 학교, 심지어 직장 내에도 영재가 있을 수 있다. (영재가 꼭 어린이만을 지칭하는 것은 아니다)

우리는 옆집의 말썽꾸러기 민준이가 영재일 수도 있겠다는 사실을 받아들일 수 있어야 한다. 영재는 사실 엄청나게 희소한 존재도 아니며, 부담감을 느껴야 할 단어도 아니다. 영재는 스펙트럼이 넓다. 다소 평범해 보이는 아이부터 시작해 10살에 5개 국어를 하는 아이까지 모두 포함될 수 있다. 이럴 거면 애초부터 '영재'라는 단어가 따로 존재할 필요가 있겠냐고 반문할 수도 있다. 하지만 영재의 범위를 다소 넓게 보는 이유는 그래야만 개인은 물론 사회적 이익에도 부합하기 때문이다. 누가 봐도 엄청난 재능을 갖춘 아이뿐만 아니라 다소 평범해 보이지만 언젠가는 훌륭한 성취를 이룰 잠재력이 큰 아이들도 영재 교육의 대상이 되어야 사회 전체 이익에 부합할 것이다. 경우에 따라 '영재'는 물론 '영재성을 보이는 아이들'도 영재교육의 대상이 되어야 한다는 것이다. 물론 모든 아이가 그 범주에 들 수는 없지만 말이다.(영재의 범위를 너무 넓게 설정해도 영재 교육의 목표를 제대로 달성할 수 없게 된다) 영재성이 얼마나 극단적으로 나타나는지에 따라 학계에서는 '일반 영재', '고도 영재', '초고도 영재'로 분류하기도 하지만 재능이 극단적으로 두드러지는 아이들을 따로 지칭하고 싶다면 '영재(英才)'보다는 '신동(神童)'이라는 표현을 쓰는 것이 더 적당할 것이다.

또한 수학이나 과학적 재능에 한정해서 영재를 판별하는 경향이 있으나, 미술, 음악, 문학과 같은 예술 분야나 새로운 대상에 대한 이해력과 창의력이 보통 사람보다 월등한 경우도 영재에 해당한다. 사교육에 의존한 선행 학습으로 양적인 차원에서 단순히 많은 지식을 축적할 것을 요구하기보다는, 특정 분야에 강렬한 호기심을 가지며 지속적으로 몰입하고 이해력, 통찰력 등이 탁월하여, 일반인들보다 심오하게 사고할 줄 아는 존재들이 영재에 해당한다. 한편, 영재는 '잠재력'의 개념이기 때문에 재능이 우수하여 장래가 기대되는 어린이를 지칭하는 경우가 많지만, 꼭 아이들만 한정해서 지칭하는 것은 아니다.

아무리 영재라고 해도 분야마다 자신의 영재성을 발견하고 발현시키는 데 걸리는 시간은 다를 수 있다. 어릴 적 평범했던 사람이 성인이 되어 갑자기 영재성을 드러낼 수도 있다. 다소 늦은 나이에 자신의 영재성을 꽃피우는 사람도 있다는 것을 잊지 말아야 한다.

천재론
고지능자, 영재, 수재 그리고 천재

고지능자(High intelligence)란 일반적으로, IQ 테스트에서 높은 점수(통상 상위 2%)가 나온 사람을 말한다. 높은 IQ 외에 다른 특성을 고려하지 않았다는 점에서 곧바로 영재로 간주하기는 어렵다. 또한 지능이 우수하다는 것은 학습에 대한 잠재력이 높다는 것이지, 그 자체로 많은 지식을 보유했음을 의미하지 않는다.

영재(Gifted person)란 비범한 재능을 타고난 존재로서 일정한 성과를 바로 보여주는 '성취'의 개념이기보다는 '잠재력'의 개념에 가깝다. 그래서 위대한 성취를 할 가능성이 높은 아이들을 주로 영재라고 지칭하는 것이다. 단편적인 지능이나 재능 외에 창의성, 노력의 지속성 등 그 개발 가능성 및 발전 가능성이 다각적으로 고려된다. 모든 영재가 천재로 성장하는 것은 아니지만, 천재들의 젊은 시절은 대부분 영재에 해당했다.

수재(Master)란 타고난 재능에 상관없이 노력과 단련을 통해 기량이 우수한 기준에 도달한 사람을 말한다. 당(唐)나라 때는 과거시험의 과목을 '수재'라 부르기도 했으며, 조선 시대에는 뛰어난 학문적 기량을 보이는 성균관 유생을 '수재'라 칭했다. 이 때문인지 오늘날, 가볍게는 학교에서 우수한 성취를 보이는 모범생들, 엄밀하게는 각 분야의 박사들을 비롯한 전문가들을 수재라고 부르는 경향이 있다. 다시 말해 이미 정해진 가치 체계와 경쟁 구도 내에서 가장 탁월한 성취를 보이는 사람들을 지칭한다.

천재(Genius)란 독창적인 결과물을 창조하여 세상을 변화시킨 사람을 말한다. 여기서 '독창적 결과물'이라는 것이 일상에서 보통 사람들보다 더 탁월한 관점을 제시하고 조직을 변화시키는 정도의 수준을 말하는 것인지, 한 국가 더 나아가 세계를 변화시킬 수 있는 정도를 의미하는 것인지는 천재를 정의하는 사람에 따라 이견이 있을 수 있다.

한국에서는 단순히 IQ가 높은 사람, 명문대 출신자, 어려운 시험을 합격한 사람들을 천재로 여기는 경향이 강하다. 하지만 정해진 정답을 남보다 얼마나 정확하게 서술해 낼 수 있느냐가 천재의 기준이 될 수는 없다. 천재는 타인이 만들어 놓은 사유의 결과물을 그대로 흡수해서 박학다식해진 사람이 아니라 새로운 패러다임을 제시하는 '지식의 생산자'요 '선구자'라는 점에서 이들과 근본적으로 다르다. 통념을 깨는 상식파괴자들 중에 천재가 나온다. 물론 마냥 엉뚱하고 반항적인 것을 독창적이라고 하지는 않는다.

기존의 것을 초월하기 위해서는 먼저 기존의 것들에 대한 이해와 사색이 필요하다. 기존의 것에 박학다식하면서도 이미 확립된 지식과 기술 수준을 넘어서는 존재가 천재에 해당한다.

수재는 기량이 높은 수준에 도달했지만, 기존의 경쟁구도 안에서 탁월함을 발휘할 뿐이고, 영재는 뚜렷한 자의식과 우수한 통찰력을 기반으로 기존의 체계를 넘어서는 사고를 하지만, 뚜렷한 결과를 보장할 수 없는 상태다.

천재가 내놓은 결과물이 이미 확립된 지식이나 기술 수준을 벗어난 만큼 인류의 지식과 기술 수준도 향상된다. 이 지점을 기준으로 다시 모든 인류의 학습과 모방이 시작된다. 그리고 또 다른 천재가 나타나 그 기준을 깨뜨린다. 단지 타고난 IQ나 재능이 조금 우수하다고 해서, 명문대에 진학했다고 해서 천재라는 수식어를 남발한다면, 인류의 발전을 위해 평생을 몸 바친 천재들에게 큰 결례가 될 것이다.

기존의 틀을 뛰어넘는다는 것은 상식과 전통에 도전한다는 의미도 내포하고 있다. 이 때문에 천재들은 자신의 성과를 세상에 내놓는 과정에서 먹물 꽤나 먹은 수재들의 도전을 받기도 한다. 시대적 상황을 너무 앞서가는 발상은 사회적으로 지탄의 대상이 되기도 한다. 이 점을 고려한다면 단지 한 인간의 내재적 요인(동기, 재능, 노력 등)만으로는 천재의 탄생을 설명할 수 없을 것 같다.

개인을 둘러싼 사회 분위기와 환경적 여건이 개인의 독창성 발휘에 우호적이지 못하다면 그만큼 천재의 탄생은 어렵다고 볼 수 있다.

독창적인 발상을 하기 이전에 자신의 생각이 다른 사람과 조화를 이룰 수 있는지를 먼저 걱정해야 하는 곳, 다소 왜곡된 '종교 이념', '정치 이념', '도덕관념'과 '선악 구도'로 개인의 삶의 방식을 재단하고 자유와 개성을 억압하는 곳에서는 그만큼 혁신가가 탄생하기 어렵다.

표현의 자유를 중시하고 지식과 정보에 대한 접근성이 용이한 곳에서 천재가 나오기 유리하다.

영재아의 5가지 기본 특성

일반인이 모두 똑같은 능력과 성격을 갖는 것이 아닌 것처럼, 영재라고 해서 모두 똑같은 영재인 것은 아니다. 영재에도 스펙트럼이 존재하며, 각자가 재능을 보이는 분야도 다르고, 성격도 개인마다 차이가 있다. 하지만 영재들에게서 대표적으로 나타날 수 있는 특성이 있는데 그것을 5가지로 소개하자면 다음과 같다.

과흥분성

영재는 지루한 것을 잘 참지 못하며, 특정 대상이나 상황에서 과한 흥분 또는 과잉 행동을 보이는 경우가 많으며, 이는 마치 ADHD(주의력 결핍 과잉 행동 장애)와 유사해 보인다. 하지만 이는 영재아의 강렬한 지적 욕구, 호기심 등에서 비롯된다고 봐야 한다. ADHD에 해당하는 아이가 전반적인 상황에서 과잉 행동을 보이는 것과 달리, 영재아의 경우 자신이 흥미를 느끼는 대상에 대해서만 과잉 행동을 보인다. 영재의 행동과 ADHD의 유사성에 대해서는 7장에서 더 자세히 다루어보도록 한다.

우수한 언어능력과 추론능력

발달한 언어능력으로 또래보다 높은 수준의 어휘를 구사할 수 있다. 예를 들어 상상력을 가미해 새로운 이야기를 만들어 내거나 농담, 말장난하는 능력이 탁월하다. 그 때문에 자신이 하기 싫어하는 것들에 대해 변명과 핑계를 매우 설득력 있게 전달할 수 있으며 이 점이 부모와 교사를 피곤하게 만들 수도 있다.

또한 영재아의 높은 통찰력은 전통에 대해 도전적인 태도를 만들어낼 수 있다. 사람들의 언행에서 모순점을 잘 잡아내어 부모와 교사를 난처하게 만들기도 한다. 그래서 말 안 듣고 이것저것 따지는 아이가 사실은 매우 영리한 아이일 수도 있는 것이다.

심지어, 지능이 고도지능에 속하는 영재들은 나이에 맞지 않게 고차원적이며 철학적인 사고를 할 수 있다. 보통의 또래들이 인지할 수 없는 영역을 넘어서는 사고를 한다. 인류의 평화나 죽음 등 거시적 차원의 고민을 하며, 또래들과의 관계에서 이질감을 형성하기도 한다. 이 때문에 아이들 사이에서 소외되는 모습을 보일 수 있다.

예민한 감각

옷에 붙어있는 라벨, 주변에서 들려오는 작은 소리, 특정한 냄새 같은 것들에 평범한 아이들보다 민감하게 반응할 수 있다. 이러한 감각적 예민함은 영재아를 주의가 산만한 아이로 보이게 만들 수 있다. 이런 예민함은 학교나 가정에서 이해받지 못하며 어른들은 그냥 아이가 특이하다고 치부할 가능성이 크다. 이 부분 역시 아이가 ADHD(주의력 결핍 과잉 행동 장애)로 오해받을 수 있는 부분이다.

상상력이 풍부함

영재들은 마음속에 자신만의 세상을 만든다. 지루함을 벗어나기 위해 공상에 빠지는 경우가 많으며, 주변의 사물들에 특별한 이름이나 가치를 부여하며 이야기를 나누기도 한다. 이는 높은 창의성으로 발현될 수 있다. 하지만 너무 자기 세계에 빠지면 현실의 실용적인 문제들에 대해 소홀해질 수 있으니 적절한 주의와 지도가 필요하다.

몰입

자신만의 기준과 선호하는 대상이 뚜렷하다. 영재는 모든 것에 능통한 '팔방미인'이라기 보다는 특정한 과제에 몰두하는 존재에 가깝다. 보통의 아이들도 나름대로 호기심을 가지고 특정 대상에 몰두하는 모습을 보일 수 있지만, 영재들은 유달리 극단적으로 나타난다. 주변의 자극들은 모두 잊고, 오직 그 일에만 집중한다. 반면, 자신에게 흥미가 없거나 별로 중요하지 않다고 생각하는 것에는 냉담하게 반응할 수 있으며, 교사나 부모의 지시에 거부 행동을 보일 수 있다.

특히, 강박적 과잉행동 성향이 존재하는 영재들은 특정 과제에 대해 강렬한 열정을 느끼며, 에너지를 폭발적으로 사용하기 때문에 마치 무엇인가에 압도된 것처럼 보인다. 자신이 해당 과제를 잘 해낼 수 있을 것인가에 대한 두려움도 단번에 건너뛰어 버린다. 자신이 관심을 보이는 대상에 대해 극도의 흥분을 느끼기 때문에 말이 매우 빨라지고 많아진다. 매우 경쟁적인 모습을 보이기도 하고, 자신의 동기나 활동이 저평가되거나 누군가에게 간섭 및 방해받는다고 느낄 경우 격한 분노를 표하는 등 신경질적인 모습을 보일 수 있다.

※다음은 영재들이 일상에서 보일 수 있는 행동들이다.

다음 사항을 살펴보고 자녀의 영재성을 간이 진단해보자.

· 자의식이 강해 어른의 잔소리나 간섭, 지시 등을 잘 수용하지 않고 반박하는가?

· 또래들보다는 나이가 많은 사람들과 어울리는 경향을 보이는가?

· 호기심이 강하며 주변의 사소한 사물도 자세히 관찰하려는 경향이 있는가?

· 보통의 아이들이라면 생각할 수 없는 문제들로 고민하는 경향이 있는가?

· 남들과 다른 기발한(다소 엉뚱할 수 있는) 방법으로 문제를 해결하려고 하는가?

· 사물의 작동방식이나 원리에 대해 강한 지적 호기심을 가지고 있는가?

· 여러 가지 대상에 대해 흥미를 가지고 많은 질문을 하는 편인가?

· 소리, 냄새 등 자극에 민감하게 반응하고 정서적(기쁨, 슬픔, 동정심 등)으로 과한 반응을 보이는가?

· 독특한 아이디어나 이야기를 만들고 그것을 다른 사람들에게 표현하는 것을 좋아하는가?

· 사물이나 대상에 대한 주관이 뚜렷하고 자기 생각을 토대로 다른 아이들에게 지시를 하는 편인가?

· 스스로에 대해 너무 높은 기대치를 설정하고 스트레스를 받는 편인가?

· 평소에 책을 많이 즐겨 읽는가?

영재를 평가하는 3요소 : 렌줄리 모형

앞에서는 타고난 잠재력이 우수하여 그 개발 가능성이 큰 아이들을 영재라고 정의했다. IQ가 150인 아이가 있다고 가정하면 이 아이는 지적 능력이 매우 우수하므로 영재라고 불리지 못할 이유가 없을 것이다. 하지만 렌줄리 모형에 따르면 IQ가 150인 아이도 경우에 따라 영재라 판단할 수 없게 된다.

미국에서 영재교육의 대가로 통하는 렌줄리는 IQ뿐만 아니라 다른 2가지 요소를 더 추가한 3가지 지표로 영재 여부를 판별한다. 지적 능력, 창의성, 과제 집착력 이 3가지를 고루 갖춘 아이를 영재라고 보는 것이다. 사실 IQ가 아무리 150이라고 해도 실질적으로 집중력을 발휘해 성과를 낼 수 있는 분야가 없다면, 우리는 이 아이를 영재라고 정의할 수 있을까? 영재라고 단언하기는 어렵고 '영재성이 있는 아이' 정도로 받아들일 수 있을 것이다. '영재성이 있다'라는 것은 온전한 영재인 것은 아니지만 영재를 이루고 있는 일정 요소를 갖추었음을 뜻하기 때문이다.

렌줄리는 역사상 큰 업적을 남긴 위인들은 '(극단적으로 높을 필요가 없는) 보통 이상의 지적능력', '높은 창의성', '높은 과제집착력'을 갖추고 있었다고 주장한다. 여기서 보통 이상의 지적 능력이란 평균 이상의 IQ를 말한다고 봐도 무방하다. 이 정의는 '과제집착력'과 같은 비지적 요인을 영재 판별의 한 요소로 인정했다는 점에서 신선하다. 과제집착력은 어떤 한 가지 과제 또는 영역에 자신의 에너지를 지속해서 집중시키는 특성을 일컫는다. (앞서 설명한 '몰입'과 유사한 개념이다)

과제집착력이라는 평가요소는 단지 높은 IQ만을 자랑하면서 자신을 영재라고 자칭하는 부류들을 영재의 범주에서 탈락시켜 줄 것이다. 렌줄리 뿐만 아니라 성공에 있어 IQ의 중요성을 높이 평가했던 터먼이라는 학자 역시 장기적인 집중력을 영재성 판별의 중요한 요인으로 보았다.

(가장 성공한 영재와 실패한 영재 각 150명을 분석한 터먼의 연구에 따르면 영재들의 성공을 결정지은 것은 그들의 지적 능력보다도 목표 달성을 위한 지속적 노력에 있었다고 한다)

물론 세 가지 요소 모두 대단히 우수해야 할 필요는 없다. 적어도 한 요소가 2% 이내에 속하고, 나머지 두 요소가 상위 15%에 속하면 영재에 해당할 여지가 충분하다고 본다. 예를 들어, 어떤 아이의 IQ가 120으로 영재의 기준치인 130에 다소 미달한다 해도 창의성이 우수하고 높은 과제집착력을 보인다면 이 아이는 충분히 영재 교육의 대상이 될 수 있는 것이다. (노벨상을 받은 학자들의 IQ도 120~130수준으로 알려져 있다)

세 고리 정의는 영재아 선별과 교육에 관하여 세계적으로 널리 인용되고 있는 모형으로, 대부분의 미국 교육기관은 이 정의에 따라 영재를 판별하고 심화학습 프로그램을 제공하고 있다.

이렇게 세 가지 조건을 두루 갖추면 '영재'로 판별할 수 있다는 것이지, 그것이 곧 그 아이의 미래까지 담보하는 것은 아니다. 영재로 판별된 아이들이 모두 성공적인 삶을 살았던 것은 아니기 때문이다. (인생의 성공 여부를 재능과 노력만으로 논할 수는 없을 것이다)

영재를 정의하는 견해는 학자마다 차이가 있지만, 오늘날 렌줄리 모형이 가장 보편적으로 활용된다.

하지만 이를 너무 극단적으로 받아들이는 것도 문제가 있다. 렌줄리 모형에서 말하는 '창의성'이라는 것도 결국은 객관적 정의와 평가가 어려운 개념이며, 이것은 '과제집착력'과 같은 다른 요소와 충돌 가능성이 있기 때문이다. 창의적인 사람은 자신이 흥미를 느끼는 것에 시간 가는 줄 모르고 몰두할 수 있지만, 자신이 흥미를 느끼지 못하는 부분에 대해서는 몰입의 성과와 독창성을 보여주지 못할 수 있다. 창의성이라는 것은 기존의 것에 갇히지 않는 사고방식인데, 창의성을 평가한다는 외부의 평가 기준 역시 획일적으로 표준화되어있을 가능성이 크다.

또한 이 모형에서 지능이 높은 사람은 그 자체로 영재라기보다는 영재의 후보에 불과하다. IQ가 높아도 창의성이나 과제집착력이 부족하다면 온전한 의미의 영재는 아닌 것이다. 하지만 고지능자와 영재는 대체로 높은 지능을 공유한다는 점에서 서로 유사한 인지적, 정서적 특성을 보이는 경우가 많으며, 지능 검사를 통해 나타나는 우수한 특성은 분명히 그 자체로 의미가 있다고 보는 학자들도 있다.

하지만 보다 중요한 것은 지능이 높거나 창의성이 우수하거나 몰입 능력이 뛰어나거나 이 중 어느 하나에 해당하는 사람이라면 잠재적 영재 상태에 있다고 보고 이들의 재능을 발굴해 그들의 잠재력이 최대한 발휘될 수 있도록 하는 것에 있을 것이다.

렌쥴리가 제시한 영재의 특성

· 탁월한 기억력을 보이며 배우는 속도가 빠르다.

· 사물과 현상의 인과관계를 빨리 파악하는 능력이 있다.

· 다양한 주제에 대해 풍부한 지식과 정보를 가지고 있다.

· 다양한 분야에 대해 관심을 가지면서도 특정 분야에 대한 집중적인 관심
을 보인다.

· 관찰력이 비범하고 독서를 즐겨한다.

· 나이에 비해 고급 어휘를 활용하며 유창한 표현능력을 보인다.

좌뇌형 영재와 우뇌형 영재

좌뇌형과 우뇌형의 비교

· 좌뇌형

단어와 언어를 이용한 사고

말로 하는 설명에 유리함

순차적으로 정보를 처리함

세부 사항을 배우는 것을 선호하며, 구체적인 지시를 선호

한 번에 한 가지 과제를 순서에 따라 정해진 절차대로 처리함

구조를 좋아하며, 정리정돈이 잘 됨

논리적, 분석적 사고 발달

기존의 문제를 다루고 해결하는 것 선호

정답이 정해진 구체적인 과제 선호

모든 상황을 진지한 태도로 접근

· 우뇌형

단어보다는 이미지를 이용한 사고

시각적인 설명에 유리

정보에 총체적으로 접근하며, 세부사항보다는 전체적 관점에서 해석하는 것을 선호

상상력이 우수하며 추상적으로 사고하는 과제에 유리함

한 번에 여러 과제를 다루는 것 선호

개방적이고 유동적인 상황 선호, 스스로 구조를 만들어 내는 것을 선호함

직관적 사고 발달

새로운 문제, 스스로 만든 문제를 해결하는 것 선호

계산보다 추론을 더 잘함

문제에 즐겁게 접근함

좌뇌와 우뇌는 물리적으로 분리된 상태가 아니며 서로 영향을 주고받기 때문에 칼로 무 썰 듯이 구분할 수 있는 것은 아니다. 실제, 우리는 어떠한 과제를 수행하든지 좌뇌와 우뇌를 모두 활용하게 되어있다. 하지만 사람마다 나타내는 상대적인 성향 차이는 분명히 존재하며, 자녀의 두뇌 유형을 정확히 파악하는 것은 부모와 자녀 사이에 불필요한 오해와 갈등을 줄이고 아이를 효율적으로 지도하기 위해 필요한 과정이다.

아이와 부모가 같은 두뇌 성향을 가지고 있다면 지도와 양육에 있어 이해와 공감이 쉬울 것이다. 하지만 부모와 아이가 서로 다른 유형의 두뇌를 갖는 경우 어려움이 초래될 수 있다. 좌뇌형인 사람은 우뇌형인 사람을 다소 게으르고 충동적이라고 평가할 수 있다. 시키는 일을 야무지게 처리하지 못하고 중간중간 놓치는 부분이 많은 것이다. 좌뇌형인 부모는 우뇌형인 아이가 너무 계획성

없고 무질서하게 보일 수 있다.

반면 우뇌형인 사람이 좌뇌형인 사람을 보면 융통성이 떨어지고 지엽적인 것에 집착하며, 고집이 센 사람으로 평가하기 쉽다. 부모가 아이와 서로 다른 두뇌 유형에 해당한다면 아이의 두뇌 유형에 따른 영재성을 부정적인 것으로만 오해할 소지가 높으므로 잘 알아두자.

좌뇌형 영재는 일정한 구조와 규칙에 따라 순차적이고 분석적으로 사고하며 요구되는 세부 사항들을 잘 정리해 나갈 수 있다. 좌뇌가 발달한 이들은 수학이나 과학 등 체계적 학문에 강점을 보이는 경향이 있으며, 학습 계획을 스스로 마련하고 하나하나씩 목표를 달성해 나갈 수 있는 능력이 탁월하다. 두뇌 유형을 제외한 다른 조건들이 동일하다고 전제할 때 현 교육 체계에서는 좌뇌 우세형 아이가 유리하다고 할 수 있다. 학교에서 진행되는 수업 방식은 주로 그림이나 도표를 통한 시각 자료 보다는 말과 글을 통한 의사소통에 의존하는 방식이기 때문이다. 좌뇌 우세형 아이는 체계적인 사고가 발달해 있고 단어와 언어를 활용한 학습에 유리하기 때문에 학교에서 선생님이 말씀하시는 수업 내용이나 구체적인 지시 사항 등을 잘 듣고 이해할 수 있다. 또한, 교육 과정 자체가 수학이나 국어 등 체계적이고 논리적 분석 능력을 요구하는 과목들이 주류를 이루기 때문에 좌뇌 우세형 영재들이 학교생활의 모범성과 학업 성취 면에서 유리하다 볼 수 있다. 하지만 융통성이 다소 부족하며, 자기주장이 강해 교사와 충돌할 수 있다.

반면, 우뇌가 발달한 창의적 영재들은 매우 개방적으로 사고하며 직관적이다. (영재들 중에는 우뇌형이 많다) 우뇌가 발달한 이들은 호기심이 강해 주의가 분산되어 있으며, 엉뚱한 말을 자주 하는 편이다. 지루한 반복 암기를 거부하는 성향이 있어 불성실하다는 지적을 받는 경우가 많다. 또한, 체계적인 풀이 과정이 요구되는 수학 문제도 직관적으로 풀어내는 경향이 있기 때문에, 답은 맞추었어도 풀이 과정을 잘 설명해내지 못하는 경우가 많다. 하지만 이 유형의 아이들을 그저 불성실한 학생으로만 간주해서는 안 된다. 경험과 지식을 한 곳에 종합해 각 대상 간에 존재하는 공통된 원리를 귀납적으로 추론해내는 능력이 탁월할 뿐이다. 이들은 형식에 얽매이지 않은 자유로운 방식으로 과제를 해결하는 것을 좋아한다. 사물을 새로운 방식으로 연결하고 의미를 창조해냄으로써 인식체계의 한계를 넓히려는 경향을 보인다. 확산적 사고를 지닌 이들은 좌뇌형 아이들보다 창의적 잠재력이 높다고 볼 수 있으나 계획적이고 체계적인 것을 중시하는 부모나 교사의 입장에서는 골칫거리로 여겨질 수 있다.

좌뇌와 우뇌의 고른 발달이 중요하다.

좌뇌형 영재, 우뇌형 영재 모두 나름의 강점이 존재하며, 특정 분야에서 우수한 소질을 나타낼 수도 있을 것이다. 하지만 아이가 지식을 습득하는 단계를 넘어서고 장차 높은 수준의 창조성을 발현하기 위해서는 좌뇌와 우뇌의 고른 발달이 필수적이다. 어느 한쪽만 발달해서는 절름발이처럼 목표를 향해 제대로 나아갈 수 없을 것이다. 이론 물리학자로서 지식과 논리만 중시할 것 같은 아인슈타인 역시 직관과 상상력의 중요성을 강조했다. 그는 자신의 수학적 능력과 분석적 능력을 자신의 뛰어난 상상력 및 공상력에 결합시켰고 그 결과 기존 물리학계를 뒤집어 놓을 만한 논문들을 발표할 수 있었다. 마찬가지로 레오나르도 다빈치 역시 훌륭한 사고 능력을 발전시키려면 과학의 예술과 예술의 과학을 모두 연구해야 한다고 말했다.

사람들은 대개 천재성을 논리적이고 이성적인 측면에서만 평가하려는 경향이 있지만 진정한 천재는 논리력뿐만 아니라 논리적 사유 과정을 뛰어넘어 대상을 직접적으로 파악하는 직관력도 함께 갖추고 있다. 기존의 것을 그대로 분석하고 수용만 해서는 혁신이 일어날 수 없고, 마찬가지로 논리적 분석력 없이 막연한 감각에만 의존해서는 일을 그르치고 독단으로 나아가기 쉬울 것이다.

좌뇌형 아이 지도법

학교의 정규 교육 과정 자체가 좌뇌의 개발을 지속해서 유도하는 측면이 강하므로 별도로 좌뇌 개발을 위한 노력을 할 필요는 없다. 좌뇌형 아이에게 필요한 것은 우뇌를 활성화하는 훈련이다. 일상에서 우뇌를 활성화하는 가장 좋은 방법은 '속독'이다. 책의 문장을 하나하나 정독하여 그 뜻을 세부적으로 이해하는 것도 좋지만, 속독을 하는 이유는 짧은 시간 내에 글의 총체적인 맥락을 파악하는 능력을 기르는 데에 있다. 읽어야 할 범위를 정해 놓고(초등학교 3학년 이하 : 기준 300~400자), 1분 동안 읽게 하는 것이 적절하다. 아이가 속독을 끝낸 후 부모는 아이에게 글의 주제나 전체적인 맥락에 대해 질문하는 과정을 거친다. 이러한 속독 훈련을 지속하면 아이는 정보를 총체적으로 처리하는 능력이 향상될 수 있다. (속독 학원을 활용하는 것도 추천할 만하다) 즉, 세세한 부분에만 집착하는 것을 벗어나 전체적인 맥락을 볼 줄 알게 된다는 것이다. 또한, 부족한 상상력을 보완하기 위해 과제를 스스로 선택할 수 있도록 하고, 답이 정해져 있지 않은 철학적이고 추상적인 질문을 활용해 자신만의 고유한 생각을 표현하도록 지도하는 것도 좋은 방법이다. '사랑', '평화', '정의', '우주' 등 추상적인 개념들에 대해 글을 쓰게 하거나 그림을 그려보게 하자.

우뇌형 아이 지도법

우뇌형 아이는 학습 계획을 체계적으로 세우는 능력이 부족하므로, 스케줄

다이어리를 만들어 자신의 일정을 체계적으로 정리하는 과제를 내주도록 한다. (부모가 아이의 모든 일상을 계획하라는 것이 아니라 스스로의 계획을 체계적으로 세울 수 있도록 도움을 주라는 것이다) 자기 생각과 정보를 시간적 순서에 따라 논리적이고 체계적으로 서술하는 훈련이 필요하다. 수학 문제의 경우 정답과 함께 구체적인 풀이 과정을 함께 적어 놓을 것을 요구하고, 어떠한 과정을 거쳐 답이 도출되었는지 설명해 보도록 지시한다. 독서법에 있어 우뇌 우세형 아이들은 책을 자세히 읽지 않고 흥미 있는 부분만 골라 속독하는 경향이 있다. 하지만 정독법으로 적정 분량의 글을 읽게 한 후, 글의 다소 지엽적인 부분을 질문하고 시간적 순서에 따라 내용을 배열해 보도록 지시하는 것은 좌뇌 발달에 큰 도움을 줄 것이다. 한편, 보상과 칭찬을 활용할 경우 동기 부여 측면에서 좌뇌형 아이보다 유리하기 때문에, 보상에 대한 기대를 세심한 집중력으로 유도할 수 있을 것이다.

너무 하나에만 빠지는 아이

99개는 틀리더라도 100번째에는 맞춘다.
난 머리가 좋지 않다. 단지, 더 오래 생각할 뿐이다.
_아인슈타인

과학자는 9시 출근하고 4시 퇴근하는 것이 아니다.
과학자는 매일 24시간 내내 생각해야 한다.
_루이스 이그나로 (1998년 노벨생리학상)

영재들은 자신들의 높은 학습 능력을 외부의 요구에 따라 활용하기보다는 자신들이 흥미를 느끼고 내적 만족을 얻을 수 있는 곳에만 집중적으로 사용하려는 경향이 강하다. 일단 과제를 선택했으면 충분한 만족감을 얻을 때까지 매우 끈질기고 고집 있게 파고든다. 보통의 아이들은 몰입에 이르기까지 많은 경험과 훈련이 필요하지만, 영재아들은 자연스럽게 몰입을 경험할 수 있으며, 진정한 몰입의 상태에서는 주변의 여러 가지 자극이나 신호에도 반응하지 않게 된다. 몰입 상태에 있는 영재들은 주변에서 아무리 불러도 반응하지 않으며, 가만히 두면 밥 먹는 시간을 훌쩍 건너뛰기도 한다. 아이는 공룡에만 너무 몰입할 수도 있고, 그림 그리기에만 몰입할 수도 있으며 자동차에만 몰입할 수도 있다. 물론 이러한 모습을 지켜보는 부모들은 이 상태를 쉽게 이해하지 못할 것이다. 부모 입장에서는 너무 하나에만 빠져있는 자녀가 걱정스럽겠지만 오히려 고도의 지능에서 비롯된 아이들의 지적 욕구를 채워주도록 노력하는 편이 더 나을 것이다. 아이들은 몰입의 과정을 통해 정신적 지구력을 키울 수 있고 이렇게 배양된 능력은 성인이 되어서도 높은 성취를 이루는 데 활용될 수 있기 때문이다. 무엇인가에 깊이 몰입할 수 있는 능력은 실제로 한 분야의 위대한 선구자에 도달할 수 있는 잠재적 요소에 해당한다.

앞에서 언급했듯이 몰입은 영재의 대표적인 특성이며, 렌줄리가 제시한 영재 판별 3요소 중 '과제집착력'을 구성하는 핵심요소다. 몰입력이 매우 비범한 아이라면 IQ가 다소 평범해도 일단 영재성이 있는 것으로 간주하는 것이 좋다.

어느 하나에 성공적으로 몰입해 가며 성장한 영재들은 점차 특정 분야에 비범한 성취를 보일 가능성이 높다. '수학 영재', '과학 영재', '미술 영재'라는 표현은 이러한 영재들을 두고 하는 말일 것이다. 물론 천재 중에서는 레오나르도 다 빈치와 같이 그림, 건축, 의학, 과학 등 다방면에 걸쳐 두각을 드러낸 만능인도 존재한다. 하지만 이러한 경지는 한두 가지 영역을 중점으로 그 역량이 다른 영역에까지 확산되는 과정을 거쳐 도달하는 것이다. 처음부터 여러 가지 것들을 강제로 주입하는 교육 방식으로는 영재들에게 제대로 된 몰입과 재능의 신장을 허락해줄 수 없을 것이다. 영재아에게 자신의 재능을 발견할 기회를 주고 해당 분야에 지속해서 몰입할 수 있도록 해준다면 장차 한 분야에서, 더 나아가 여러 방면에서 천재적인 인물로 성장할 가능성이 높다고 하겠다. 아이가 하나에 빠져들었다고 해서 너무 야단치거나 몰입을 강제로 중단시키지는 말자. 부모가 자녀의 관심을 다른 분야로 돌리려고 아무리 애를 써도 별 소용이 없을 것이며, 불필요하게 서로 감정만 상할 것이 뻔하기 때문이다.

물론, 몰입이라는 것은 어느 하나에 정신이 고도로 집중된 상태이기 때문에 다른 중요한 문제들에 대해서 간과하게 만들 수 있다. 이 점에서 때와 장소를 어느 정도 분별하는 것도 필요하다. 이 세상은 자기가 하고 싶은 것만 하면서 살 수 없는 것이 현실이기 때문이다. 자신이 원하지 않는 것이라도 타인과 원활한 사회생활을 위해 꼭 지켜야 하는 의무들이 존재하기 마련이다. 만약 아이가 지나치게 한 곳에만 몰두하여, 가정이나 학교에서 지켜야 할 기본적인 것들에 대해 무감각한 상태가 지속된다면, 삶의 균형이 훼손되고 자기중심적인 사람으로 오해받을 가능성이 커지게 된다. 아이가 원하는 것에 몰입하여 창의성과 지구력을 기를 수 있도록 충분한 시간을 보장해 주되 일상 속의 기본적인 규칙들에 대해서는 분명하게 지도하는 것이 아이의 행복을 위해서도 좋을 것이다.

몰입하는 아이, 어떻게 지도하나?

아이가 영재라면 자신의 흥미를 끄는 한 가지 대상에만 굉장히 몰입할 수 있다. 만약 아이가 자동차에 대해 몰입하고 있다면, 아이는 자동차 장난감만 가지고 놀며, 엄마와 이야기할 때도, 밥을 먹을 때도, 심지어 유치원에서도 자동차 이야기만 할 수 있다. 처음에는 아이의 이야기를 잘 들어주겠지만, 점차 이러한 아이의 모습에 걱정을 하게 될 것이다. 이때 자동차 장난감을 강제로 빼앗기 보다는 자동차를 가지고 다양한 시도를 해보도록 유도하는 것이 좋다. 자동차 장난감을 가지고 새로운 놀이법을 개발하여 즐기게 하거나, 자동차를 보고 그림을 그리게 하고, 자동차와 관련된 다양한 서적을 읽게 하는 것이다. 이러한 과정을 통해 자동차라는 한 가지 주제만으로도 아이의 두뇌는 다양한 자극을 받게 될 것이다. 관련 서적을 보는 것은 아이의 언어 지능을 높여줄 수 있고, 자동차 그림을 그리는 것은 공간 지각 능력과 소근육(눈과 손의 협응 및 사물의 조작력과 관련)의 예리한 발달에 도움이 된다. 아이가 꼭 자동차와 관련된 진로를 가야 하는 것은 아니지만, 자동차라는 대상을 통해 한번 발달한 아이의 지능은 나중에 다른 분야의 지식을 습득할 때도 유리하게 작용할 것이다. 달리기와 수영이 전혀 관련 없는 운동으로 보이지만 달리기를 통해 향상된 폐활량이 수영에 큰 도움이 되는 것과 같은 이치다.

평균으로는 영재성을 발굴하기 어렵다.

평균이라는 기준은 모호하다.

모든 사람은 잘하는 분야가 있고 못 하는 분야가 있다.

굳이 영재들을 언급하지 않더라도 모든 아이는 고유한 개성이 있고 각기 잘하는 분야가 있다.

하지만 한국의 교육은 학생들의 강점보다는 약점을 지적한다. 한 영역에서 우수한 잠재력을 보유한 영재일지라도 뒤처지는 과목이 있다면 대학 입시에서 불리하기 때문에 개선의 여지가 있는 학생일 뿐이다. 이러한 점에서 '평균'은 모든 학생에게 상처를 준다. 특정한 분야에 뛰어난 소질을 보이는 색깔 있는 인재일수록 입게 되는 상처의 크기가 더 커진다.

물론 지식을 편식하지 않고 균형 잡힌 공부를 하는 것 역시 중요하다. 하지만, 여러 가지 과목을 무조건 많이 배운다고 해서 제대로 된 공부를 할 수 있는 것은 아니다. 너무나 많고 다양한 반찬들을 섭취해야 하므로 제대로 씹지도 못하고 그냥 넘겨버려야 하는 일이 발생한다. 아이들이 어느 한 분야에 대해 깊이 사색하고 꿈을 그릴 수 있는 시간을 허락하지 않는다.

어디까지나 약점은 보완하는 선에서 마무리되어야지 특정 분야에 제대로 몰입하여 사색할 기회를 빼앗아 가는 수준에 이르러서는 안 된다.

앞에서 언급했듯이 몰입은 영재들의 대표적 특성 중 하나이다. 영재들이 자신의 재능을 발견하고 그 분야에 대한 몰입을 성인기까지 지속시킬 수 있다면 가공할만한 성취를 이룰 수 있게 된다. 하지만 평균을 기준으로 상중하를 나누는 획일적인 시스템이 영재들의 독보적인 성취를 방해하는 것은 아닌지 생각해볼 일이다.

영재들은 기본적으로 우수하지만, 관심의 대상이 특정적이고 보유한 재능의 편차가 크다. 하지만 사회는 평균을 중심으로 골고루 발달한 아이를 높게 평가하는 경향이 있다. 부모가 진정으로 아이의 영재성을 발굴하고 싶다면, 아이의 재능을 평균적으로, 총체적으로 접근하기보다는 영역별로 세분화시켜 접근하는 편이 나을 것이다.

제2부
지능과 영재성에 대하여

IQ가 얼마나 높아야 영재일까? 하지만, IQ가 복잡한 인간의 지능을 온전히 대변해 주지는 못하며, 영재를 판별하는 절대적 요소로 작용하는 것도 아니다. 이번 장에서는 영재성을 구성하는 대표적 요소 중 하나라 할 수 있는 '지능'에 대해 알아보자.

지능이란 무엇일까?

　'영재'를 논할 때 빠지지 않는 것이 바로 높은 지능이다. 하지만 지능이 무엇인지에 대해 물어본다면 정확히 대답할 수 있는 사람은 아마 별로 없을 것이다. 지능은 단순히 IQ를 말하는 것일까? 암기와 계산을 빠르고 정확하게 할 수 있는 지적 능력을 말하는 것일까? 아니면 만물의 근본원리나 규칙성을 꿰뚫는 통찰력을 말하는 것일까? 지능이란 우리 일상에서 많이 듣고 사용하는 단어이지만 막상 정의하기가 어렵고 다소 추상적이다. 지능에 대한 학자들의 견해와 접근방식에도 조금씩 차이가 있다. 하지만 지능에 대한 대표적인 견해들을 살펴보면 개괄적인 수준에서의 이해와 설명은 가능할 것이다.

　비네는 지능을 "인식능력"이라고 보았다. 이 인식 능력에는 이해력, 비판력, 창조력, 행동 방향 설정 능력이 포함된다.

　터먼은 지능을 "추상적 사상을 다루는 능력"이라고 정의하였고, 웩슬러는 "어떤 목적을 향해 행동하고, 합리적으로 사고하며, 환경을 보다 효과적으로 통제하는 개인의 종합적 능력"이라고 정의하고 있다.

카텔은 지능을 유동 지능과 결정 지능으로 구분했다.

유동 지능은 새롭고 추상적인 문제를 해결하는 능력에 해당한다. 후천적 경험이나 지식이 관여하지 못하는 영역으로 유전적 요소에 영향을 많이 받는 지능이다. 예를 들어 빠진 곳 찾기, 차례 맞추기, 모양 추론하기, 숫자 외우기 등 주어진 대상을 분석하여 일정한 규칙을 추론해내는 능력과 관련이 있다.

반면, 결정 지능은 환경으로부터 후천적으로 경험하고 학습된 영역과 관련이 있다. 이에는 어휘 이해력, 계산능력, 상식 등이 해당한다. 이 결정 지능은 지식과 경험이 축적될수록 높아지는 경향을 보인다.

유동 지능은 생리적 영향을 많이 받으므로 생애 초기에 급상승되고 상당히 빨리 감소하는데, 20세에 정점을 기록하고 그 이후부터 급격하게 줄어드는 모습을 보인다. 이 때문에 70세 이상의 노인들은 두뇌 순발력이나 추론력을 요구하는 퍼즐 맞추기, 미로 찾기 등의 게임을 어려워할 수 있다.

반면 결정 지능은 생애에 걸쳐 계속 증가한다. 왜냐하면 나이를 먹을수록 경험과 지식이 풍부해지기 때문이다. 중년의 나이에도 위대한 업적을 낳은 천재들이 많은데, 나이를 먹어감에 따라 유동 지능이 퇴화하는 것은 맞지만 결정 지능이 이를 보완해 주기 때문이다. 창조성이라는 것은 기존의 지식과 정보를 융합하여 새로운 가치를 창출해내는 행위인데 비록 나이가 들어 그러한 정보를 받아들이고 정리하는 유능한 콘텐츠 제작자(유동 지능)는 퇴직했지만 젊은 시절 콘텐츠 제작자가 미리 정리해 놓은 다방면의 콘텐츠(결정 지능)는 그대로 남아있는 것이다. 그러므로 연령의 증가가 창조성을 발휘하는 데 꼭 걸림돌이 되는 것은 아니다.

실제로, 고령의 피카소는 수많은 작품을 마구 쏟아냈으며, 칸트 역시 늦은 나이에 교수가 됐지만, 철저한 자기관리를 통해 '순수이성비판'과 같은 훌륭한 저작들을 출판해낼 수 있었다.

한편, 가드너는 인간의 지능이 단일한 형태로 존재하는 것이 아니라 다양하게 존재한다고 주장한다. 다양한 지능 중에서 어떤 것은 높게, 어떤 것은 낮게 나타나는 법이기 때문에 능력 없는 사람은 없다는 것이다. 예를 들어 국어와 수학을 못 해 학업 성적이 부진한 아이가 또래들보다 피아노, 바이올린 같은 악기를 쉽게 배우고 터득할 수도 있다. 물론 이 이론 자체가 매우 혁신적인 것은 아니다. 전통적 IQ 테스트만으로 측정할 수 없는 다양한 인간의 지능이 존재한다는 주장은 학계에서 계속되어왔기 때문이다. 하지만 이를 체계적으로 이론화하여 다양한 지능들을 효과적으로 부각시켰다는 점에서 큰 의의가 있다.

IQ(지능지수)의 개념

　1906년 프랑스 심리학자 비네가 지능 검사를 최초로 창안한 이래 학교에서 학습 부진아를 변별해내는 수단으로써 사용되었으며 세계 대전에서는 지적장 애자를 골라내는 등 전쟁에 참여시킬 군인을 선발하는 과정에 활용하기도 하였다. 그리고 터먼이 1916년 최초로 지능 검사의 결과를 수치화하는 'IQ(지능 지수)'라는 개념을 만들었다. 미국 스탠포드 대학에서 터먼이 비네의 지능 검 사를 개편시킨 것이 오늘날의 스탠포드 비네 검사이며 지금도 많이 활용되는 지능 검사이다. 'IQ(지능지수)'라는 것은 말 그대로 지능을 수치화한 개념이며 이는 측정 가능하고 서로 비교 가능하다는 것을 의미한다. 평균값을 임의로 100으로 설정하고 평균보다 지능이 우수하면 100 이상으로, 둔하면 100 이하로 구분하는 것이다. 인간의 지능지수를 100점 만점으로 하지 않은 것은 인간의 지능을 완벽하게 측정할 수 없기 때문이다. 인간의 머리가 얼마나 좋을지는 모 르며 인간의 모든 지적 잠재력을 IQ가 측정해줄 수는 없다.

IQ 산정 방식에는 크게 2가지 종류가 있는데 하나는 비율지능지수이고 다른 하나는 편차지능지수이다. 비율지능지수는 실제 연령보다 정신 연령이 얼마나 높은지로 판단하는 지능지수이다.

비율지능지수 = (정신연령/생육 연령) x 100

예를 들어, 5살짜리 아이가 10살에 해당하는 지적 발달 수준을 보인다면 이 아이의 지능지수는 200이 된다.

하지만 이러한 지능 산출 방식은 연령의 증가에 따른 개인의 지적 발달 수준을 제대로 측정하지 못하는 한계가 있다. 왜냐하면, 인간의 지적 발달은 연령의 증가와 직선적인 관계를 갖고 있지 않기 때문이다. (인간의 지능지수는 나이를 먹어갈수록 계속 상승하는 것이 아니라 14세 정도에 이르면 안정적으로 고정되는 경향을 보인다)

위의 공식에 따라 5살짜리 아이가 10세에 해당하는 지적 발달 수준을 보이는 것은 대단히 의미 있는 일이지만, 점차 성장하여 성인이 되면 그렇게 대단한 의미를 갖지 못하게 된다.

이 점을 보완하기 위해 등장한 것이 바로 편차지능지수이다. 편차지능지수는 개인의 지능을 동일 연령집단 내에서 상대적인 위치로 규정하는 지능지수이다. 현대의 IQ 검사에서는 대부분 편차 지능검사를 많이 활용하며 평균을 임으로 100으로 정의한 뒤, 이 평균을 중심으로 표준편차가 15인 분포를 만들어 낸다. 국내에서 공신력을 갖는 편차 지능검사 방법으로는 웩슬러 지능검사가 대표적이다.

평균 100을 기준으로 보았을 때 1 표준편차인 85~115 사이에 전체 100명 중 68명이 포함되며 2 표준편차인 130 이상은 100명 중 2명 정도에 해당한다. 사실, IQ 검사는 정규분포곡선 양 끝의 2%를 각각 차지하는 IQ 70 미만과 130 이상을 판별하는 데 의미가 있다. IQ가 극단적으로 낮거나 높지 않은 이상, 능력의 차이가 뚜렷하게 나타나는 것은 아니다. IQ 70 미만은 지능 지체로 보아 특수 교육이 필요하며 IQ 130 이상은 우수 범위로 영재일 가능성이 있다고 보아 정밀한 진단을 통해 그 수준에 맞는 교육이 필요하다 하겠다.

덧붙여, IQ는 그 사람이 가진 지식의 양을 측정하는 것이 아니라, 지적 잠재력을 측정하는 것이다. 지적 잠재력이란 기억, 수리, 이해, 언어, 추리 능력 등을 말하며 외부의 지식과 정보를 효율적으로 수용하고 처리할 수 있는 능력을 말한다. 따라서 IQ가 높다는 것은 지식의 양이 많음을 나타내는 것이 아니라 정보를 효율적으로 분석하고 축적할 수 있는 잠재 능력이 높다는 것을 의미한다.

그리고 지능 검사에서 주로 측정하고자 하는 것은 이미 개발된 지능이 아니라 선천적 지능이다. 인간의 지적 잠재능력은 3세 이전에 80% 이상 완성되며, 14세 이후에는 고정적이라는 것이 학계의 통념이다. 지능 검사에서 높은 점수를 얻기 위해 고의로 테스트 유형을 파악하는 등 반복 숙달 과정을 거쳐 140의 수치가 나왔다고 해도 큰 의미는 없다.

정서 계발 교육이 간과되어서는 안 된다.

한국에서는 아이들의 학습능력 향상이 교육의 주가 되어왔기 때문에 아이가 범재이든 영재이든, 자신의 지적 욕구를 충족하는 데 큰 문제가 없는 환경이다. 하지만 영재들의 정서 계발 교육은 상대적으로 간과되어왔다. 정규분포곡선에서 하위 2% '지능 지체'에 해당하는 아이들에 대한 정신건강 및 정서 계발 교육은 주목을 받지만 정작 그 반대편에 위치하는 2% 아이들에 대한 배려는 부족하다. '지능 지체'에 해당하는 아이나 '영재'에 해당하는 아이나 모두 정규분포곡선에서 양극단에 위치한 소수의 아이들이다. 반대쪽인 '상위'에 있다고 해서 이들이 갖는 어려움을 사소한 것으로 취급해서는 안 된다.

웩슬러지능검사의 종류

K-WPPSI(Korean-Wechsler Preschool and Primary Scale of Intelligence)는 만 3세부터 7세 7개월 이하인 유아의 지능을 측정하기 위한 검사이다.

K-WISC(Korean Wechsler Intelligence Scale for Children)는 만 6세부터 16세 이하인 아이의 지능을 측정하기 위한 검사이다.

K-WAIS(Korean Wechsler Adult Intelligence Scale)는 성인용 지능 검사이다.

※예를 들어 12세의 아이가 K-WISC에서 130의 합산 점수가 나왔다면, 그 아이는 자신의 나이 대에서 상위 2.2%에 해당하며 영재에 해당할 가능성이 있다고 해석한다.

자주 묻는 질문

지능검사의 종류에 따라 다른 결과가 나오진 않을까?

전문적으로 잘 만들어진 지능검사의 경우, 서로 다른 검사지 간에도 유사한 결과가 나타난다. 검사 내용이 달라 보인다고 하더라도 일반적으로 두 가지 IQ 검사 간 상관은 0.80~0.90 수준이다. (상관관계는 -1에서 +1 사이의 값을 가지며 +1에 가까울수록 두 변수가 서로 유사하다) 심지어, 일정 기간이 지난 후 같은 검사지로 지능검사를 실시해도 비슷한 수치를 보인다.

지능검사를 할 때마다 너무 다른 결과가 나온다면

검사 진행 시점에서 아이의 육체적, 정서적 상태에 따라 ±10점 정도의 차이는 나타날 수 있다. 특히 아이가 지능검사에 지나친 부담감을 가지거나, 심한 스트레스 상황에 놓여있을 경우 주의 집중에 문제가 생겨 해당 지능검사의 결과가 평소보다 부진할 수 있다.

만약 테스트 결과의 차이가 크다면, 높게 진단된 쪽을 아이의 진짜 IQ로 볼 것을 추천한다. 예를 들어, IQ가 한번은 110으로 한번은 140으로 평가되었다면 아이의 IQ를 140으로 보는 것이다. 왜냐하면 IQ는 자신의 능력보다 낮게 측정이 되는 경우는 많아도 높게 측정되는 경우는 드물기 때문이다. 물론 검사지가 객관식일 때 찍어서 맞추는 경우도 있지만, 웩슬러 등 대부분의 검사는 주관식이며 찍어서 맞출 확률은 거의 없다.

덧붙여, ADHD 아동처럼 주의 집중이 어렵고 집중력의 편차가 있는 아이들의 경우 지능검사 결과의 차이가 클 수 있다. 아이가 지능검사를 받는 것을 힘들어하거나 제대로 집중하지 못할 경우 중간에 휴식을 취하게 하는 것이 좋다. 지능검사는 대부분 90분에서 120분 정도가 걸리며, 아이가 집중을 못 하고 산만하다고 해도 충분히 지능검사를 끝마칠 수 있다.

아이가 성장해 감에 따라 지능지수가 크게 상승할 수 있는가?

최근 지능검사에서 85(평균 하)의 결과가 나온 아이가, 2~3년 후 115 정도(평균 상)에 위치하기는 힘들다. 물론 생육 환경이나 학습 환경에 따라 조금씩 개선될 여지가 있기 때문에, 평균 하에 해당했던 아이가 평균의 위치에 오를 수는 있지만, 크게 유의미한 수준의 상승은 기대하기 어렵다. (물론, 집중력의 차이와 심리적 안정상태의 변화로 인한 큰 폭 상승과 하락은 가능하다) 검사 결과가 90~110 정도라면 올랐다고 해서 또는 떨어졌다고 해서 너무 일희일비할 필요는 없다. 90이나 110이나 모두 평균 수준의 범주에 들어가기 때문이다. 또한 최우수에 해당하는 130에도 너무 집착할 필요는 없다. 지능지수가 영재성 판단에 참고용으로 활용될 수는 있지만, 절대적인 기준으로 작용하는 것은 아니기 때문이다. 지능이 평균 또는 평균 상 정도에 해당함에도 특정 분야에 우수한 소질을 보이는 영재들도 많다는 사실을 잊지 말자. IQ 검사는 주로 인지적 능력 측면에서의 영재성을 판별하는 수단으로 그 외의 재능까지 완벽하게 측정해주진 못한다.

IQ가 높아야만 영재인 것은 아니다

결과적으로 IQ 테스트와 같은 표준화된 시험과 검사만으로 영재를 판별할 수는 없다. 영재 판정의 기준이 되는 'IQ 130' 역시 학계에서 임의로 정한 것에 불과하다. 만약 IQ만으로 영재 여부를 판별한다면 다음과 같은 문제에 봉착하게 될 것이다.

첫째, IQ 테스트는 기억, 수리, 이해, 언어, 추리 등 아카데믹한 지적 능력들을 주로 측정할 뿐이며, 창의성을 비롯한 그 외의 지능은 측정되지 않는다. (뒤에서 자세히 다루겠지만 IQ와 창의성은 별개의 지능으로 간주된다) 측정된 지능 일부가 뛰어나다고 해서 다른 종류의 지능이 반드시 뛰어난 것은 아니다. 때문에, IQ만으로 영재를 판별하는 것은 마치, 키와 신발 치수가 강한 상관관계를 보인다고 해서 발 크기를 기준으로 농구 선수를 뽑는 것처럼 우스꽝스러운 이치일 수 있다. IQ가 영재를 판별하는 절대적 기준으로 활용될 경우, IQ가 평범하지만 실제로는 뛰어난 재능을 갖춘 아이들이 영재교육 대상에서 주목받지 못하고 적절한 수준의 교육을 받지 못하게 될 것이다.

둘째, IQ 130 이상인 상위 2.2%까지를 영재의 범위로 선을 긋는다면, 상위 3%에 해당하는 아이는 영재가 아닌 것인가? 학자에 따라 5%까지를 영재로 보기도 한다. 이런 식으로 따지다 보면 어디까지가 비범한 범위이고, 어디부터가 평범한 범위에 해당하는지 구분하기가 모호하다. 따라서, 다른 요소를 고려하지 않고 IQ라는 단일 요소만을 절대적 기준으로 삼아 영재 여부를 엄하게 단정하는 것은 바람직하지 않다.

하지만 IQ 검사가 지능 자체를 측정하는 수단으로써 전혀 무의미한 것은 아니다. 최소한 영재 판별에 있어 참고 자료로 활용될 가치는 있다. IQ가 높다는 것은 그 자체로 해당 영역을 관장하는 두뇌의 일정 영역이 우수하다는 것을 의미하며 최소한 이 부분에 있어서는 뛰어난 인지적 능력을 보유했음을 나타내는 지표가 될 수 있기 때문이다. 수많은 심리학자가 추상적 대상에 해당하는 지능이라는 것을 과학적으로, 효과적으로 측정하고자 오랜 시간 동안 연구하여 고안된 것이 바로 지능검사이며 이는 수질검사와 유사하다. 수질검사를 할 때는 모든 지하수를 검사하지 않고 일부의 지하수만 채취해서 검사한다. 그 때문에 때로는 검사 결과가 정확하지 않을 수도 있겠지만 상당히 높은 확률로 정확한 결과가 도출된다. 더욱이 전문적으로 만들어진 종합 검사들은 서로 간 유사한 측정 결과를 보여줄 정도로 신뢰성이 있다. 따라서 지적 능력을 검사할 때 측정 가능하고 계량화할 수 있는 도구인 IQ 검사(주로 웩슬러 지능검사)를 활용하는 것이다. 하지만 IQ 검사가 아이의 숨겨진 재능까지 모두 측정해줄 수는 없기 때문에 측정된 지능지수를 참고하여 아이의 소질을 다각적 분석하는 편이 영재 진단의 정확도를 높일 수 있는 길일 것이다. 앞에서 살펴본 렌줄리 모형에서처럼 IQ가 110 이상으로 상위 15% 이내에 해당하고 다른 영역에서 충분한 영재적 기질을 보인다면 그 아이가 영재일 가능성이 충분히 있다.

모차르트와 피카소의 IQ는 몇일까?

물고기가 나무를 얼마나 잘 타고 오르는 지로
물고기의 능력을 판단한다면,
그 사람은 평생 자기가 쓸모없다고 생각하며 살 것이다.
_아인슈타인

모차르트의 IQ는 몇일까? 그가 다시 살아 돌아와 테스트를 보지 않는 이상 정확한 수치를 알 순 없을 것이다. 하지만 분명한 점은 그가 천재였다는 것을 증명하기 위해 그의 IQ를 잴 필요는 없다는 것이다.

이처럼 하워드 가드너는 어떤 분야에서 성공하기 위해서는 언어 지능이나 논리 수학 지능만이 영향을 주는 게 아닌데도 불구하고 IQ 검사가 두 지능만을 지나치게 강조하고 있다는 사실을 비판하였다. 전통적인 지능검사가 논리 수학 지능, 언어 지능만 측정하고 다른 지능은 제대로 측정하지 못한다는 점을 분명하게 지적한 것이다. 이에 따라 하워드 가드너는 지능을 8가지 (음악적 지능, 신체 운동 지능, 논리 수학적 지능, 언어적 지능, 공간적 지능, 대인관계 지능, 자기이해 지능, 자연탐구 지능)로 구분하고, 각 영역은 서로 독립적이어서 영향을 끼치지 않는다고 주장하였다. 독립적이라는 의미는 어느 한 분야의 지능이 우수하다고 해서 다른 분야의 지능까지 그 우수함을 보장하진 않는다는 것이다. 이를 다중지능이론이라고 한다. IQ가 평범하여 범재로 취급되던 아이들의 숨겨진 영재성을 발굴하고 성장시켜 줄 수 있는 계기가 되었다는 점에서 의의가 있다. 20세기의 미술을 이끈 독창성의 천재 피카소의 IQ는 얼마나 높았을까? 분명한 점은 피카소는 수학을 못 했으며 10살 때 자퇴가 아닌 퇴학을 당했다는 점이다. 마찬가지로 모차르트의 절대 음감이나, 올림픽 금메달리스트들의 신체 운동 지능은 전통적인 IQ 검사만으로 측정될 수 없는 영역에 속한다. 이러한 점을 고려해 볼 때 아이의 영재성을 발굴하기 위해서는 인지능력 위주의 지능검사뿐만 아니라 다양한 분야의 소질을 점검해 보아야 할 것이다.

영재들은 각 영역이 조금씩 발달했기보다는 특정 영역이 극단적으로 발달한 경우가 많다. 그 때문에 한 영역에서의 영재가 다른 영역에서는 열등아가 될 수도 있다. 만약 아이의 발달한 부분이 언어적 지능이나 수학적 지능이라면 발견이 용이하고 학교 평가시스템에서 유리하게 작용하기 때문에 곧바로 영재로서 인정받을 가능성이 높을 것이다. 하지만 아이가 학교의 평가 기준이나 부모의 관심밖에 있는 다른 영역에 우수성을 가질 경우 영재성이 간과되기 쉬울 것이다.

다중지능이론이 학부모들에게 던지는 메시지는 명확하다. 아이들의 숨은 영재성을 좀 더 넓은 시각으로 관찰하고, 발굴하고, 격려하라는 것이다. 영재성을 가졌지만, 학교나 부모들의 틀에 박힌 사고 때문에 적절한 교육을 받지 못하고 영재성이 사장되는 아이들이 넘쳐난다. 모든 아이가 영재인 것은 아니지만 나름대로 자신에게 가장 적성이 맞는 분야가 있다. 이러한 분야에 흥미와 관심이 몰리기 마련이고, 누구나 기량을 쌓기 위해 노력하는 과정에서 어느 정도의 성취는 이룰 수 있다.

다중지능의 구성

언어 지능

언어 지능은 좌측두엽, 전두엽에서 관장한다.

언어 지능이 높은 아이는 다른 아이들보다 말을 빨리 배우며 글자를 통해 지식을 얻는 것을 좋아한다. 특히 '언어'라는 것은 지식을 습득하는 가장 보편적인 수단이 되므로 언어 지능이 높은 아이는 학업 성적이 우수할 가능성이 높다. 언어적 지능이 높은 사람들은 일상에서 자신의 의사를 효과적으로 전달하며, 일정 수준 이상의 지식과 경험을 축적하고 나면 지식인으로서 달변가가 되거나, 작가로서 두각을 나타낼 수 있다. 하지만 언어 지능이 뛰어나다고 해서 모든 분야에 대해 청산유수처럼 말을 잘할 수 있는 것은 아니다. 예를 들어 과학에 대해 흥미가 없는 아이는 언어 지능이 우수하다 해도 그 분야에 대해 능숙한 언어전달을 하지 못할 수 있다.

언어 지능이 뛰어난 대표적 인물로 헤밍웨이, 니체, 셰익스피어가 있다.

논리 수학 지능

논리 수학 지능은 두정엽 좌측, 우반구에서 관장한다.

논리 수학 지능은 기존 지능의 핵심으로 간주되어 왔으며, 전통적 IQ 검사 방식으로 측정되던 지능과 밀접한 관련이 있다. 논리 수학 지능이 높은 아이는 복잡한 추론 과정을 빠른 속도로 해결하며 수학이나 과학 등 체계적 학문에서 두각을 드러낼 가능성이 높다. 전화번호나 차량번호를 남들에 비해 쉽게 기억하고 암산을 정확하게 해내는 등 숫자에 기민한 모습을 보인다. 수학을 비롯한 논리력을 요구하는 재능은 현 체제 내에서 그 가치가 높게 평가될 뿐만 아니라 객관적인 평가가 용이하여 쉽게 발견되므로 진로 선택에 큰 영향을 미친다. 대표적 인물로 아인슈타인, 이휘소, 스티븐 호킹이 있다.

신체 운동 지능

신체 운동 지능은 소뇌, 운동피질, 기저핵에서 관장한다.

신체 운동 지능이 우수한 아이는 자기 생각이나 감정을 언어(말, 글) 보다는 동작으로 표현하는 능력이 탁월하다. 보통 아이들이 따라 하기 어려워하는 복잡한 몸동작이나 리듬을 쉽게 따라 하며 쉽게 기억한다. 특히, 급격한 변수 상황에서도 적절한 반사 행동을 보이는 등 탁월한 감각을 타고나 스턴트맨, 농구선수, 축구선수, 연극배우로서 두각을 나타낼 수 있다. 대표적 인물로는 박지성, 김연아, 타이거 우즈가 있다.

음악 지능

음악 지능은 우측두엽에서 관장한다.

음악적 지능이 우수한 아이는 소리, 진동, 리듬에 민감하고 사람의 언어적 형태의 소리뿐 아니라 비언어적 소리에도 민감하게 반응한다. 음감이 뛰어나 소리를 잘 구분하고, 다양한 소리를 자신이 원하는 형태로 융합 및 재구성하는 능력이 뛰어나 작곡가나 연주자로서 두각을 드러낼 수 있다. 대표적 인물로는 베토벤, 모차르트, 박진영, 서태지가 있다.

공간 지능

공간 지능은 우반구의 후반구에서 관장한다.

공간 지능은 세계를 시공간적으로 정확하게 인지하는 능력과 관련이 있어 미술가, 건축가, 디자이너, 비행기 조종사로서의 재능과 관련이 깊다. 공간지 능이 높은 아이들은 형태가 복잡한 퍼즐이나, 조립식 장난감, 큐브 등을 빠르게 완성해내며 바둑, 장기, 체스 등 마인드 스포츠에 강하다. 대표적 인물로는 피카소, 가우디, 월트 디즈니가 있다.

자연 탐구 지능

자연 탐구 지능은 다중지능이론의 구성에서 비교적 최근에 추가된 것으로, 자연 현상에 대해 유형을 규정하고 동식물의 다양한 형태와 특성을 정확하게 식별 및 분류해내는 능력을 말한다. 자연 탐구 지능이 높은 사람은 자연의 변수 속에서 위험을 쉽게 감지하며, 동식물의 미묘한 생김새를 명확하게 구분해 낼 수 있다. 애완동물이나 식물을 기르는 방법을 따로 배우지 않았음에도 그 요령을 스스로 쉽게 터득하는 사람들은 자연 탐구 지능이 높다고 할 수 있다. 대표적 인물로는 다윈, 파브르, 윤무부가 있다.

인간 친화 지능

인간 친화 지능은 전두엽, 측두엽, 변연계에서 관장한다.

인간 친화 지능은 전통적 지능검사 방식으로는 전혀 측정할 수 없는 지능으로 유명하다.

인간 친화 지능은 타인의 감정, 기분, 의향 등을 잘 이해하고 타인의 표정, 몸짓, 음성 등에서 나타나는 사회적 신호를 쉽게 변별해내며 효율적으로 대처할 수 있는 능력과 관련이 있다. 때문에 다른 특별한 재능이 없더라도 정서적으로 안정되고 행복한 형태의 삶을 누릴 여지가 크다. 인간 친화 지능이 높으면 타인의 감정을 배려하면서 자신의 의견을 적절하게 표현하고 관철시키는 능력이 우수하기 때문에 상담가, 정치인, 사업가로서 성공하기 유리하다. 대표적 인물로는 링컨, 헬렌 켈러, 데일 카네기가 있다.

자기 성찰 지능

자기 성찰 지능은 전두엽, 두정엽, 변연계에서 관장한다.

자기 성찰 지능은 인간 친화 지능과 유사한 부분이 있지만, 외부의 기준보다는 자신의 내면에 좀 더 포커스를 두고 있다. 자기 성찰 지능이 높은 사람은 자존감이 강하고 스스로 정서적 안정을 유지하는 능력이 탁월하다는 점에서 행복한 삶을 살 수 있다.

자신의 잘못을 비교적 명확하게 판단할 줄 알며 자기 관리 능력이 우수하다는 점에서 안정된 인간관계를 형성하기 유리하다.

자기 자신에 대해 정확하게 인지하는 능력은 메타인지와도 관련이 있다.

자기 성찰 지능이 우수한 사람은 8가지 지능 중 자신의 강점 지능과 약점 지능을 스스로 파악하고 있을 여지가 크며, 자신의 목표와 신념에 맞게 적절히 기르고 조율할 수 있다.

자신이 무엇을 알고 모르는지에 대해 정확하게 자각하고 스스로의 문제점을 찾아 해결하기 때문에 상황에 대한 적응 능력이 우수하다. 대표적 인물로는 프로이트, 아들러 같은 심리학자나 법륜스님 등의 종교 지도자가 있다.

자주 묻는 질문

다중지능이라는 것은 실체가 있는가?

인간이 발휘할 수 있는 모든 능력이 '지능'의 한 종류로서 인정받을 수 있는 것은 아니다. 예를 들어 컴퓨터 활용능력이 매우 우수하다고 해서 그 능력 자체를 '컴퓨터 활용 지능'이라고 명명할 수는 없는 노릇이다. 컴퓨터를 잘 활용할 줄 아는 것도 분명 인간의 지능이 작용한 결과이겠지만 그 능력 자체를 한 종류의 지능으로 분류할 수는 없다는 얘기다. 우리가 어떠한 재능을 지능의 한 종류로서 받아들이기 위해서는 실제로 그 지능을 담당하는 부위가 두뇌에 존재해야 하며 실험을 통해 검증할 수 있는 것이어야 한다. (능력의 수준 차이가 있을 것, 인간이 보편적으로 겪는 발달 과정일 것, 진화적 특징을 가질 것, 상징 체계가 있을 것 등이 요구된다)

가드너는 인간의 수많은 재능 중 이러한 조건에 합치되는 경우만 채택해 최종적으로 다중지능을 정리하였다. 자연 탐구 지능은 가장 최근에 발견된 지능이라 연구가 충분히 되어 있지 않은 상태이다. 두뇌의 어느 부위와 연관이 있는지 아직 명확하게 밝혀진 것은 아니지만 지능의 한 종류로서 인정받는 데 요구되는 여러 조건을 충족하고 있는 것이 사실이다.

다중지능은 향상될 수 있는가?

물론이다. 문화적 환경이나 교육적 환경 등 후천적 요소에 따라 충분히 향상될 수 있다. 예를 들어 악기를 배우기 어려워하고 음치인 아이가 집중적인 음악 교육을 받는다면 음악 지능이 다소 향상될 수 있을 것이다. 하지만 다중 지능이론이 부모님들께 전달하는 메시지는 아이의 모든 지능을 우수하게 만들라는 것이 아니다.

예를 들어, 한두 가지 영역에 탁월한 재능을 보이는 영재들의 경우 8가지 지능 중 특정한 영역이 극단적으로 발달해있고 나머지는 평범하거나 그 이하일 가능성이 있다. 굳이 영재를 언급하지 않더라도 모든 아이들은 상대적으로 강점을 보이는 지능과 그렇지 못한 지능을 가지고 태어난다.

이때 아이의 영재성(강점 지능)을 중심으로 나머지 약점 지능들이 강점 지능의 발현에 걸림돌이 되지 않도록 보완해 주는 선에서 교육이 이루어지는 것이 좋다. 예를 들어 음악 지능이 매우 우수한 아이라 해도 신체 운동 지능이 부족하다면 악기를 배우는 데 어려움을 보일 수 있다. 이때 악기를 연주하는 복잡한 손동작을 따라 할 수 있는 신체 운동 지능이 향상된다면 아이의 영재성(음악 지능)이 더욱 효과적으로 발현될 수 있을 것이다.

하지만 아이의 모든 지능을 우수하게 만든다는 명분으로 아이를 괴롭힌다면, 본래 타고난 강점 지능의 개발에 걸림돌이 될 것이다. 또한 강점 지능을 중심으로 시너지 효과를 기대할 수 있는 지능을 길러주는 것이 좋다.

예를 들어, 언어 지능은 다른 재능과 결합해서 시너지 효과를 낼 여지가 높다. 만약, 자기 성찰 지능이 우수한 사람이 언어 지능까지 우수해진다면 사람들에게 큰 감동을 줄 수 있는 작가가 될 수 있고, 상담가로서 두각을 드러낼 수도 있을 것이다. 변호사의 경우도 언어 지능뿐 아니라 인간 친화 지능까지 곁들여져야 성공할 가능성이 높다.

다중지능 검사는 어떻게 이루어지는가?

다중지능의 검사 방식은 기존의 지능검사와는 다소 다르다. 전통적 IQ 검사는 제시된 문제를 통해 정답을 얼마나 빠르고 정확하게 찾아내는지를 측정하는 데 반해, 다중지능의 검사는 주로 설문지를 활용한 응답으로 이루어진다. 전자를 능력 검사라 하고, 후자를 자기 보고식 검사라고 한다. 자기 보고식 검사는 특정한 질문에 대해, '전혀 그렇지 않다', '별로 그렇지 않다', '보통이다', '대체로 그렇다', '매우 그렇다' 중 가장 가까운 항목에 체크하여 전체적 성향을 파악하는 방식이다. 이러한 검사 방식의 한계는 누군가 검사 결과를 볼 것이라는 전제하에 긍정적인 방향으로만 응답할 가능성이 있다는 점이다. 또한 논리 수학 지능, 언어 지능의 경우 기존의 지능 검사와 관련이 높아 능력을 객관화시킬 수 있지만 자연 탐구 지능이나 자기 성찰 지능과 같은 지능들은 객관화가 어렵고 응답자의 주관이 개입될 여지가 크다는 단점이 있다. 하지만 객관적으로 측정하기 어려운 대상이라고 해서, 그 대상의 실존이나 가치 자체를 부정할 수는 없을 것이다. 응답 과정에서 주관이 개입될 여지는 있지만, 분야별로 동일한 노력 대비 성취도에 차이를 가져올 수 있는 재능의 차이는 분명히 존재한다.

아이의 재능과 노력,
어느 것이 더 중요한가

앞에서 살펴본 높은 IQ나 다중지능은 모두 통틀어 '재능'이라는 용어로 통칭할 수 있겠다. (물론, '재능'이란 선천적인 재능과 후천적으로 만들어진 재능을 모두 지칭하지만 여기서는 전자를 지칭한다)

그리고 '노력'이란 '몰입'보다 포괄적인 개념으로 어떤 것을 달성하기 위해 시간과 에너지를 소비하는 것을 말한다. 사람들은 재능과 노력 중 어떤 것이 더 중요한 것인가에 대해 많은 논쟁을 한다. 하지만 '노력'과 '재능'을 대결 구도로 만들어 놓으면 쉽게 간과하게 되는 부분이 발생하기 마련인데, 그것은 바로 '재능'과 노력은 성공의 가능성을 높여주는 수많은 변수 중 일부일 뿐이지 전부가 아니라는 점이다. 사실, '재능'과 '노력' 두 가지 요소만 가지고 미래와 성공을 논하는 것은 말이 안 된다. 어떤 일의 성공은 '재능'과 '노력'뿐만 아니라 행운을 포함한 외부 환경(사회적 환경, 경제적 여건, 가정 환경, 교육 환경 등)과 개개인의 구체적 상황에 따라 수많은 요소가 복합적으로 작용해서 결정되기 때문이다. 하지만, '재능'과 '노력'은 현재의 기준으로 측정이 가능하고 인간의 의지가 개입될 수 있는 부분이므로 '운'과 같은 외부적 요소는 동일하다고 가정하고 다루어 볼 수는 있겠다.

피나는 노력을 통해 높은 성적을 거둔 축구 선수와 야구 선수를 보면 역시 노력이 가장 중요해 보이며 이들도 노력의 중요성을 더욱 강조하는 경향이 있다. 하지만 놓치지 말아야 할 부분은 모두가 노력한다고 해서 반드시 동일한 결과를 맞이하는 것은 아니라는 것이다. 어느 분야에서 독보적 성과를 낸 사람들은 노력도 한 사람들이지, 노력만 한 사람들이 아니기 때문이다.

기존의 사법시험을 예로 들어보자. 사법시험에 합격한다는 것은 법적 전문성을 제도적 차원에서 공인받는 것을 의미한다. 낮은 기량이 요구되는 시험은 노력만으로도 충분히 합격할 수 있지만 높은 기량을 요구하는 시험은 노력만으로 넘어설 수 없는 고지를 반드시 마주하게 된다. 기본적으로 법학에 대한 소질과 일정 수준 이상의 암기력 및 독해력, 논리력이 뒷받침되어야만 한다. 이러한 조건을 갖춘 상태에서 노력이라는 요소가 가미될 때 사법시험 합격이라는 결과가 가능할 것이다. 누구나 노력을 한다고 해서 사법시험에 합격할 수 있는 것은 아니었다. 마찬가지로, 모두가 바둑을 배운다고 이세돌처럼 될 수는 없다. 모두가 노력한다고 해서 노벨상을 받을 수는 없다. 모두가 노력한다고 해서 금메달리스트가 될 수는 없다. 물론, 1만 시간의 법칙이라고 해서, 한 분야에 대해 최소 10년 이상 기량을 갈고닦으면, 그 분야의 최고 경지에 도달할 수 있다는 주장이 있다. 하지만, '1만 시간의 법칙'은 어떤 사람은 아무리 연습해도 성과가 부진한 반면 다른 사람은 왜 더 압도적인 성취를 내는지에 대해 제대로 설명하지 못한다. 만약 노력만으로 모두가 탁월한 성취를 달성할 수 있다고 단정한다면, 노력했지만 원하는 결과를 얻지 못한 모든 사람의 마음에 비수를 꽂는 일이 될 것이다. 평생 한 가지 목표만을 위해 노력을 해왔음에도 목표한 바를 이루지 못하고 결국 너무나 많은 것들을 포기하게 된 사람들도 많다. 이들의 실패의 원인이 노력 부족에 있다고 한다면 이들의 평생에 걸친 고생은 부정당하게 되는 셈이다. 이 점에서 1만 시간의 법칙은 성공의 충분조건이기보다는 필요조건이라고 볼 수 있다.

그럼에도 우리 사회가 노력을 부각시키는 이유는 그래야만 행동에 대한 동기나 열정이 생기고 그것이 사회 전체적으로 유익하기 때문이다.

여기까지만 보면 필자가 노력의 중요성을 간과하는 것처럼 보일 수 있다. 하지만 필자가 전하고자 하는 바는 '노력' 자체가 중요한 것이 아니라, '노력의 방향성'이 중요하다는 사실이다. 우리가 IQ 검사를 비롯한 여러 가지 검사 도구를 활용하는 것도, 아이가 많은 것들을 시도하고 경험해보게 하는 것도 결국은 노력 대비 성공 가능성이 높은 영역을 찾아 주기 위한 것 아닐까? 수학적 능력이 우수하고 언어 능력은 부족한 아이가 굳이 언어적 능력이 필요한 영역에서 두각을 드러내기 위해 모든 것을 걸 필요가 있을까? 재능 없는 사람은 없다. 모든 아이가 영재인 것은 아니지만 누구나 상대적으로 발달한 자신만의 영역이 있기 마련이다. 사회의 획일적 기준으로만 아이의 재능을 평가하지 말고, 아이의 고유성을 반영한 목표를 설정해주자. 그리고 노력하게 하자.

또한, 노력이라는 요소 자체도 일종의 '재능'이라고 볼 수 있지 않을까? 힘들지만 끝까지 포기하지 않고 무엇인가를 지속할 수 있다는 것은 그 자체도 능력에 해당하며 재능의 범주에 넣을 수 있다는 것이 필자의 생각이다. 사실 그렇지 아니한가? 힘들어도 끝까지 포기하지 않고 결과를 성취해낼 수 있는 사람이 우리 주변에 얼마나 될까? 노력하는 것에도 재능이 필요하다. 천성적으로 집중과 노력을 잘하는 사람이 있는 반면, 집중과 노력을 하려고 하면 그것이 너무 힘든 사람들도 있다.

타고나는 것은 (우리가 흔히 말하는) 재능만이 아니다. 노력하는 성향도 타고나는 것이라 생각해 볼 수 있고 그 점에서 재능의 일부로 받아들이지 못할 이유가 없다. (과제집착력을 영재성 판별의 한 요소로 받아들인 것도 같은 맥락일 것이다) '노력'이란 타고난 재능을 잘 발휘할 수 있게 만들어 주는 재능인 셈이다. 우리가 흔히 말하는 재능들과 다른 점이 있다면 '노력'이라는 요소는 우리 스스로의 의지로 통제할 수 있는 여지가 크다는 점이다.

결론적으로 애초에 '재능'과 '노력'은 이분법적으로 딱 잘라 나눌 수 있는 개념이 아니며 '재능'이란 타고난 잠재력이고 '노력'은 그 잠재력을 끌어내는 '재능'이다. 즉 '노력'과 '재능'은 떼려야 뗄 수 없는 상호보완적 관계라는 사실을 명심해야 한다. 타고난 재능과 환경이 동일하다고 전제할 때 노력을 더 많이 하는 사람이 두각을 드러낼 가능성이 높은 것은 당연한 이치다.

물론, '재능'과 '노력'이 절대적인 성공을 보장해 주는 것은 아니다. 바로 '운'이라는 요소가 매우 강력하게 개입되기 때문이다. 하지만 여기서 우리가 반드시 짚고 넘어가야 할 부분은 '노력'과 '재능' 없이 '운'만으로 위대한 업적을 달성하는 것 역시 불가능하다는 점이다. '운'은 언제 어느 순간에 닥칠지 모른다. 그리고 어떤 사람의 인생에서는 '운'이라는 것이 없을 수도 있다. 하지만 노력과 재능으로 자신을 단련시키는 사람만이 '운'을 포착할 수 있고 '운'을 기회로 만들 수 있다. 그리고 그 '운'이 반드시 '행복'만을 의미하는 것은 아니다. 오히려 '불운'과 '재난'이 사람을 강하게 만들어 주기도 하고, 위대한 신념을 가지도록 유인하며, 재능을 최대한 갈고닦을 수 있는 강력한 동기를 선물해 주기도 한다.

제3부
영재와 학교

영재들은 학교에서 어떠한 모습을 하고 있을까?

지적으로 앞서나가는 영재들은 보통의 아이들과 학교 시스템에 잘 적응할 수 있을까?

학교는 영재들을 잘 알아볼 수 있을까?

교육의 사각지대

평균에서 벗어난 능력을 가진 영재아는 평균적인 발달 속도에 따라
프로그램이 짜인 교육기관에서 평균적인 행동과 지적 수준을 강요받으며
가혹한 지적 황무지에 갇히게 된다.
_가필드

학교에는 다양한 유형의 학생들이 존재하지만, 지적인 측면에서 그 유형을
세 가지로 분류하자면 평범한 학생, 지적 장애를 가진 학생, 영재성을 지닌 학
생으로 나뉜다. 여기서 평범한 학생이란 말 그대로 학교에서 수용하기에 가장
무난한 아이를 말한다. 이러한 아이들은 교육을 받는 전체 학생들 중 90% 이상
을 차지한다. 차지하는 비중이 큰 만큼 대부분의 교육과정이 이들의 발달 기준
에 맞춰서 프로그래밍 되어있다. 반면 인지적인 측면에서 장애를 갖는 학생들
은 보통 학생들이 받는 정규교육과정을 따라가기도 벅차기 때문에, 특수교육
의 대상이 된다. 일반인들보다 배움에 있어 어려움을 겪는 이들은 가시적으로
눈에 띄기도 쉽고 도움이 필요하다는 사회적 공감도 얻기 쉽기 때문에 교육적,
제도적 차원의 배려를 쉽게 요구하고 기대할 수 있다.

하지만 영재들은 교육의 주류에서 벗어나 있다. 영재에 대한 사회의 인식은

타고난 재능이 매우 우수한 존재로서 특별한 교육적 차원의 지원 없이도 혼자서 잘해나갈 것이라는 기대가 반영되어 있기 때문이다. 뛰어나기 때문에 쉽고 지루한 수업을 들어야 하는 영재들보다야 정규 수업을 따라가지 못하는 지적 장애아들에 대한 배려가 더 절실해 보이는 것이 사실이다. 또한, 재능이 우수한 영재들을 대상으로 특별한 제도적 차원의 혜택을 주는 것은 다소 엘리트주의적인 느낌을 주는 것도 사실이다. 그 때문에 영재들은 주류를 이루는 일반 학생들과 지적 부진아들 사이에서 우선순위 밖으로 밀려나게 된다.

　하지만 영재는 뛰어나기 때문에 그대로 그냥 방치해도 되는 것일까? 영재들이 자신의 고유성에 맞지 않는 교육을 지속해서 받게 되면 어떻게 될까? 영재들은 보통 아이들보다 글을 빨리 배우고 특정한 분야에 대해서는 또래들의 지식량을 압도할 수 있다. 또래 아이들이 5번 정도 설명을 들어야 이해할 수 있는 것들을 영재아들은 이미 알고 있거나 1~2번만 들어도 이해할 수 있다. 이러한 영재들에게 있어 수업 시간은 너무나 지루할 수밖에 없다. 다른 아이들을 항상 기다려야 하기 때문이다. 그래서 수업 시간 도중 자주 공상에 빠지거나 교과서에 낙서하다 선생님께 지적을 당하기도 한다. 그렇다고 해서 영재들이 학교성적이 그렇게 나쁜 것도 아니다. 수업 시간에 집중하지 않고 산만한 모습을 보임에도 수업을 착실하게 집중해서 들은 아이들과 비교해 나쁘지 않은 점수가 나온다. 그렇기 때문에 부모들은 아이에 대해 별다른 걱정을 하지 않는다. 하지만 이러한 상황이 지속된다면 영재들은 장기적으로 학교와 공부에 대해 흥미를 잃을 수도 있으며, 교사들에게는 '영재'는 커녕 수업에 열정이 없고 불성실한 아이로 억울한 낙인이 찍힐 수 있다. 사람들은 영재라고 하면 학업 성적이 우수할 뿐만 아니라 수업 시간에도 대단히 열정적일 것이라는 기대가 있기 마련이고, 이것은 교사도 마찬가지다. 하지만 현실 속의 영재가 꼭 우리의 이상적인 모습과 일치하는 것은 아니다.

학생마다 과목별 학습능력이 다르고 성취도 역시 다르다. 이러한 차이를 무시하고 획일적 평등에 모든 아이들을 끼워 맞추고 같은 학교에서 동일한 진도에 따라 학습하게 만드는 것은 보편성에서 벗어난 아이들을 지식의 황무지에 가두는 것이다. 영재아들의 지적 욕구 충족을 위해서는 적절한 속진과 심화학습이 필요하며, 영재교육 기관을 활용하는 것도 좋은 방법에 해당한다.

4차 산업 혁명과 교육의 혁신

전통적인 수업 방식은 모든 학생을 같은 장소에 두고 같은 수준의 내용을 동일한 진도에 따라 가르치는 것이었다. 이에 따라 지적 능력이 평균에서 멀리 존재하는 학생들일수록 그 불이익을 감당해야 했다. 하지만 이제 태블릿 PC를 활용한 교육이 보편화될 날이 얼마 남지 않았다. 태블릿 PC를 활용한 교육방식은 아이들의 능력과 적성, 강점, 약점에 따라 적절한 문제들이 등장하고 아이들은 공부에 대한 흥미를 잃지 않으면서도 자기 눈높이에 맞는 학습을 할 수 있다.

속진과 심화학습

속진이란 단순히 진도를 빨리 나가는 것이 아니라 학생들이 자신들의 학습 속도에 맞게 학습할 수 있도록 해준다는 것을 의미한다. '조기입학'이나 '월반' 또는 '과목별 월반'처럼 아이를 상급 학년에 배치하는 프로그램을 예로 들 수 있다.

월반은 지적으로 우수한 학생의 학습을 가속화 시키는 전통적 방법이며, 월반에 특별한 자료나 시설이 필요한 것은 아니다. 영재들의 월반은 대단히 비용-효과적이어서 적은 비용으로도 아이의 지적 욕구를 충족시켜 줄 수 있는 효과가 있다. 월반은 흔히 초등학교 과정에서 이루어지지만, 그 이상의 학년에서도 가능하다. 하지만 선배들과의 적응에 문제가 발생할 수 있다는 점에서 부정적인 효과가 있을 수 있다. 초등학교 저학년의 경우 단지 '1~2년'의 차이로도 학생들 간 신체적 격차가 크게 나타나며, 상급생들 입장에서 볼 때 자신과 같은 수업을 받는 조그만 아이를 또래로서 동등하게 대해줄지도 의문이다. 하지만, 아이의 높은 지적 특성을 고려한다면 그대도 월반은 필요하며, 여기에는 월반에 따른 부작용을 완화할 수 있는 몇 가지의 지침이 있다. 첫째는, (초등학생 저학년의 경우) 능력에 상관없이 한 학년만 월반하는 것이고, 둘째는 아이의 기초 기술을 진단하여 상대적으로 미숙한 기술을 보충하는 데 도움을 주어야 한다는 것이고, 셋째는 교사가 아동의 지적, 사회적 적응 상태를 지속해서 파악해 관계에 있어 문제를 겪는 영재들이 잘 적응할 수 있도록 도움을 주어야 한다는 것이다.

과목별 월반을 시도하는 것도 좋은 방법이다. 일반적으로 학년 월반은 완전속진이라 하며, 과목별 월반은 부분 속진이라고 한다. 과목별 월반의 특징은 영재성을 보이는 특정 과목만 상급 학년에서 이수하는 것이다. 과목별 월반의 장점은 특정 과목에 대한 아동의 지적 욕구를 충족시켜 주면서도 나머지 대부분의 시간을 또래와 함께할 수 있게 됨으로써 월반에 따른 부작용을 최소화할 수 있다는 것이다.

심화학습이란 진도상 전혀 새로운 내용을 학습하는 것이라기보다는 정규 교육 과정에서 이미 학습한 내용에 대해 그 폭과 범위를 확장하는 것을 의미한다. 영재를 대상으로 하는 심화학습은 좀 더 고차원적인 목표를 고려하여 계획하여야 하며 다음과 같은 사항을 고려해야 한다.

- 정규 교육 이상의 심화 자료

- 주도성 보장(학생주도의 자율적인 내용선택)

- 내용의 복잡성(이론, 적용, 일반화)

- 창의적 사고를 바탕으로 한 주체적 문제해결

- 고차원적 사고기술, 비판적 사고

· 속진과 심화 학습은 상반되는 양자택일의 교육 프로그램이 아니다. 이 두 방법을 적절히 조화시키면 영재학생들의 지식의 영역을 확장시키고 창의성이나 기타, 다른 고차원적 사고 기술의 개발을 유도할 수 있다.

영재와 수재의 차이

영재란 양적으로 높은 지능이기보다는 다른 방식으로 작동하는 지능이다.
_잔 시오파생 (프랑스 영재 전문 임상심리학자)

'영재(Gifted person)'라는 단어는 그 자체로 선천적으로 뛰어난 기질을 의미한다. 그 때문에 영재의 이미지는 보통 사람들보다 무엇인가를 빠르게 습득하고 쉽게 성공을 거머쥘 수 있는 축복 받은 존재로 통하게 된다. 물론 모든 영재들은 각자의 방식에서 뛰어난 존재다. 하지만 꼭 세상에 통용되는 기준에서만 뛰어난 것은 아니다. 영재들의 두뇌 작동 방식은 보통 사람들과 차이가 있기 때문이다. 이들은 자신이 흥미를 느끼는 모든 대상에 대해 학습하려는 열린 사고를 가지고 있으며, 보통의 아이들이 관심을 가지지 않는 부분이나 평가 대상에서 제외된 부분에까지 세세한 관심을 기울이기도 한다. 즉, 일정한 기준에서 이미 성공적인 성취를 보이는 아이들은 영재성을 인정받기가 쉽겠지만, 평가 범위에서 벗어난 영재성은 간과되기 쉽다는 말도 된다.

물론, 자신의 재능을 발산하는 것이 사회에서 통용되는 주요 평가 기준과 일치하는 축복 받은 영재들도 있을 것이다. 하지만 영재들의 비범한 사고방식과 높은 창의성이 학교에서 어떠한 모습으로 나타나는지를 살펴본다면 우리가 기대하는 이상적인 모습과 다소 차이가 있다는 것을 알 수 있을 것이다. 다음 예시를 살펴보자.

한 교실에 학생들이 앉아 있다. 아이들 중에는 선생님과 부모님 말씀을 잘 들으며 공부도 잘해 1등을 거의 놓치지 않는 A라는 학생이 존재한다. 하지만 아이들의 무리에서 홀로 튀는 행동을 보이는 B라는 학생이 있다. 그 학생은 무엇인가에 계속 몰두하고 있는 모습을 보이며 혼자 다니는 경우가 많다. 전체적인 학업 성적은 그렇게 우수한 것 같지는 않으며, 선생님의 지시에도 잘 따르지 않고, 과제에 대해 소극적이다.

교육 현장에서 교사는 A 학생을 '영재'라고 생각할 가능성이 높으며, B 학생은 그저 불성실한 학생으로만 취급될 가능성이 높다. B 학생이 영재일 수도 있겠다는 생각을 할 수 있는 교사들은 얼마나 될까? 물론 영재들 중에도 A 학생과 같은 경우가 얼마든지 존재하며, B와 같은 모습을 보인다고 해서 모두 영재인 것은 아니다. 하지만 또래보다 지적으로 뛰어나며 몰입을 특징으로 하는 고도 영재들은 교육 현장에서 B와 같은 모습을 하고 있을 여지가 크다. (IQ가 특별히 높지 않은 창의형 및 몰입형 영재들도 이와 같은 모습을 보일 수 있다)

모범적이고 공부를 잘하는 수재형 우등생은 인내력이 강하고 성실하지만, 어떤 면에서는 수용적 사고가 발달해 있다. 교사나 부모의 지시를 잘 따르며, 자신의 지적 능력을 외부의 평가 기준이나 사회의 요구에 맞게 활용하는 능력이 뛰어나다. 고전적 의미에서의 성공에 가장 무난하게 접근하는 부류에 해당한다. 학교에서 교사의 관심과 사랑을 차지하기 유리한 것은 물론이다. 반면 영재들은 자신의 높은 지적 능력을 외부의 획일적 기준에 맞추기보다는 자신들이 흥미와 열정을 느낄 수 있는 곳에만 사용하려는 경향이 강하다. (영재들을 극단적인 성향으로 몰고 가는 느낌을 줄 수 있지만, 이 책은 영재성이 간과된 아이들을 위해 쓰였음을 알아두기 바란다) 때문에 부모나 교사가 요구하는 과제에 대해서 매우 불성실하고 냉담한 태도를 보일 여지가 있다. 어린 시절부터 지적으로 탁월한 영재들은 학부모나 교사의 지시를 있는 그대로 수용하기보다는 자신의 기준으로 판단하고 논리적으로 이해하려고 한다. 만약 수긍할 만한 근거를 주지 못한다면 영재들은 그 지시에 다소 반항적인 태도를 보여줄 수도 있다. 하지만 영재를 알아보지 못하는 어른들은 영재들의 반항적 행동을 그저 인성적 차원에서의 문제로만 취급할 가능성이 크다.

아이의 특정한 행동이 영재아 고유의 지적 특성에서 비롯된 것임을 이해하지 못하며 부진한 학업 성적만을 근거로 영재아에게 문제라는 딱지를 붙여 놓는 교사도 존재한다. 일단 '문제아'라는 딱지를 붙여 놓으면, 교사 입장에서는 아이의 돌발행동과 불편한 질문들에 일일이 대응하지 않아도 될 명분이 생기기 때문이다.

'지적 조숙아' 역시 영재를 표현하는 단어로는 적합하지는 않다. 영재가 아닌 보통 아이들도 사교육이나 단기적 주입식 교육을 통해 지적 조숙으로 만들 수 있다. 지적 조숙아와 영재는 보통의 또래들보다 다양한 지식을 축적했다는 공통점을 보이지만, 성장할수록 그 차이가 확연하게 드러난다. 지적 조숙아의 경우 단지 양적인 차원에서 다른 아이들을 앞서가고 있는 것에 불과하기 때문에 언제든 따라잡힐 수 있고 성인이 되어갈수록 '지적 조숙'이라는 표현 자체가 무의미해진다. 지적 조숙아는 외부의 평가 기준이나 사회의 요구에 따라 지식을 수동적으로 학습하는 경향이 있으며 영재들은 자신의 지적 욕구를 충족시키기 위해 지식을 자발적으로 습득하는 경향이 있다. 평가 기준에서 벗어난 지엽적인 것들에 대해 깊은 탐구를 하기도 한다. 지적인 조숙 상태에 있던 아이나 보통의 우등생들은 점차 성장할수록 평범한 모습을 보이는 것과 달리 영재아는 성인이 되어서도 영재만의 독특한 특성은 쉽게 사라지지 않고 잔존한다. 자신의 우수한 재능을 특정 대상에 지속적으로 투여하여 한 분야에 굉장히 심오한 기량을 드러내거나, 굉장히 억압된 형태의 삶(사회적 환경이 영재성의 발현에 우호적이지 않거나 사회에 부적응할 경우)을 살게 될 가능성이 높다. 영재들은 자신들의 성과를 세상에 드러내기 이전에 먼저, 세상과의 이질감을 극복해야 하는 힘겨운 과제를 떠맡는다. 세상의 질서나 기준이 그대로 프로그래밍되기에는 영재의 자아가 너무 강하게 요동치기 때문이다.

프랑스에서는 영재를 얼룩말이라고 부른다.

얼룩말에 존재하는 무늬가 어떠한 기능을 하는지에 대해 학자들 사이에서도 의견이 분분하지만 명확한 답은 없다. 오히려 얼룩무늬 때문에 포식자 눈에 더 잘 띄는 문제가 있다. 또한 얼룩말은 다른 보통의 말들과 달리 인간에게 길들여지지 않는다.

이 점에서 영재들은 사회에서 얼룩말 같은 존재다. 얼룩무늬 때문에 보통 사람들 사이에서 튀는 존재가 되지만 오히려 다른 사람들과 조화를 이루는 데 방해가 되기도 하며 꼭 좋은 의미에서의 시선을 받는 것 같지는 않다. 또한, 길들여지지 않는 얼룩말처럼 영재들도 어떠한 문화나 권위에 쉽게 동화되지 않는 모습을 보인다. 뭔가 남다른 것을 가지고 태어났으나 그것이 곧바로 성공으로 이어지지는 않으며, 주변 환경과 부조화를 초래한다. 그래서 영재는 프랑스에서 '얼룩말'이라고 불린다.

영재로 분류된 아이들은 모두 비슷한 학생들일까?

터먼이 연구 대상으로 선발한 영재아들은 사회적으로 잘 적응하는 모습을 보였다. IQ를 비롯한 인지적 능력과 학업 성적이 우수한 편이었으며 정서적,

정신적인 면도 양호하였다. 우리가 생각하는 이상적인 모습의 영재들이라 할 만하다. 하지만 터먼의 연구대상에 선발된 영재아들의 경우 이미 학교에 잘 적응하고 학업 성적이 우수하여 교사에게 영재로 지목된 학생들이 주류를 이룬다는 점에서 한계가 있고 '영재'로 분류되는 학생들끼리도 넓은 스펙트럼이 존재한다는 점을 간과한 면이 있다. 흔히들 전체 아이들 중 영재들만 선발하여 한 곳에 그룹을 편성하고 교육을 지도하면 대부분의 문제가 해결될 것이라고 생각하지만, 똑같이 '영재'로 분류된 아이들끼리도 지적 능력이나 정서적 차원에서의 특성이 크게 다를 수 있다. 예를 들어 IQ 130인 아이는 160인 아이들과 함께 영재로 분류되지만, 그 능력의 차이는 IQ 100과 130의 차이보다 더 클 수 있다. 똑같이 영재로 분류된 학생들이지만 그 스펙트럼에 따라 전혀 다른 인지적, 정서적 특성을 지닐 수 있는 것이다. 또한 IQ에 상관없이 영재들은 저마다 각기 다른 분야에 재능과 흥미를 보인다는 사실도 지적하고 넘어가야겠다.

순차적인 논리의 전개 과정을 중시하고 세부적인 지시 사항에 민감한 좌뇌형 영재들은 학교의 규칙이나 교사의 지시를 잘 이행할 수 있다.(물론 이들도 자기주장이 강하기 때문에 학습의 주도권을 두고 부모나 교사와 충돌할 수 있다) 하지만 창의성이 우수하고 직관이 발달한 우뇌형 영재들은 구조화된 과제보다는 융통성이 요구되는 과제를 좋아한다. 일방적인 지시에 순응하기보다는 자신의 직관에 따라 직접 판단하고 표현하는 것을 좋아한다.

일반인들도 각기 타고난 성향이 다르듯이 영재들도 그 성향에 차이가 있다. 부모와 교사들은 영재 학생들이 보이는 개인차를 제대로 인지하고 이들이 각자 선호하는 학습 방식을 파악해야 한다. 이들이 각자 선호하는 방식의 과제를 내준다면 이들의 학습 태도는 크게 개선될 수 있다.

공부를 못하는 아이가 고도 영재라고?

공부를 못하는 영재들 : 발산 현상

학부모들에게 있어 '영재'의 이미지는 반에서 1등을 독차지하는 엄친아의 모습일 것이다. 그렇기에 자신의 아이가 반에서 평균 정도의 성적을 받아온다면, 아이의 영재성에 대해 실망을 하게 된다.

"우리 아이는 영재가 아니구나."

어렸을 때는 분명 두뇌가 명석했는데 학교에 진학하고 보니 자신의 아이보다 똑똑한 학생들이 너무도 많은 것이다.

하지만 영재성이 높은 학업 성적까지 보장해 주는 것은 아니다. 학부모는 이 점을 간과해서는 안 된다. 아이가 영재성이 없기 때문에 학업 성적이 부진한 것이 아니라, 오히려 영재성이 있기 때문에 학업 성적이 부진할 수도 있으니 아이를 더욱 주의 깊게 살펴봐야 한다는 것이다.

미국 영재교육 및 영재 부모교육의 대가인 제임스 딜라일 박사는 영재성이 곧 학업 성적의 우수함과 직결되는 것은 아니라고 힘주어 말한다. 영재성이 오히려 학교생활의 부적응을 초래할 수 있다고 본 것이다.

한때 명석한 두뇌로 부모를 놀라게 했지만, 학교에 진학한 후 문제 행동으로 속 썩이는 아이들 중에 영재아가 있을 수도 있으니 알아두기 바란다.

물론 영재들은 기억력이 우수하며, 인지 속도가 빠르고 정확한 편이다. 다른 사람들이 듣지 못하는 것을 듣는 예민한 청각을 지녔으며, 보통 사람들이 인지하지 못하는 것을 포착할 정도의 예리한 시각도 지녔다. 심지어 아주 오래전에 오고 간 말과 행동을 아주 정확하게 기억해내기도 하며, 어른들의 말에서 모순을 짚어 내기도 한다. 하지만, 이렇게 비범한 지적 능력을 타고났음에도 공부를 못 하는 영재들이 의외로 많다. 멀랜드 보고서(Marland Report)에 따르면 영재로 판단되는 아이들 중 50% 이상의 학생이 학교에서 평균 성적도 내지 못하고 있다고 지적한다. 그냥 평범한 수준의 성적을 받으면 다행이고 심지어 하위권 성적을 받는 경우도 있다. 지능이 높다면 이에 비례하여 학업 성적도 우수할 것이라는 게 우리들의 상식이지만 왜 현실의 교육 현장에서는 상식에 어긋나는 일들이 벌어지는 것일까?

이는 IQ가 일정 수준을 넘어가면 오히려 학업 성적이 낮아지는 '발산 현상'과 관련이 있다. 지능 지수와 학업 성취도는 IQ 125까지 어느 정도 비례하는 모습을 보이지만, 영재급에 해당하는 130~135 이상부터는 오히려 학업 성적이 낮게 나타나는 경향을 보인다는 것이다. (IQ가 다소 평범한 창의형 영재와 몰입형 영재도 학업 성취도가 낮을 수 있으니 알아두자) IQ가 상위 1%에 해당함에도 학교 성적이 보통 정도에 머무는 영재들은 의외로 많은데, 지능 지수는 0.1%에 해당함에도, 학생 수가 그리 많지 않은 학급에서 5등 정도에 그치는 경우도 흔하다. 이런 현상들은 '지능 지수와 학업 성취도 사이에 일어나는 발산 현상'이라고 하며, 이 현상을 처음 지적한 학자는 홀링워스다.

이른바 '최적 지능지수(optimum intelligence)'에 해당하는 (IQ가 110~125에 위치한) 아이들은 자신의 재능을 잘 발휘하면서도 다른 아이들과 시스템적으로 적응하는 데 별문제가 없다. 일상생활에 지장이 없을 만큼의 최적 지능지수를 가지고 있는 이들은 자신의 지능을 최적화하여 공부나 인간관계, 일의 처리 등 다방면에 활용할 수 있다. 반면, IQ 140을 넘어가는 고도 영재일수록 집단생활에서 적응도가 떨어질 가능성이 높다.

물론, 영재라고 해서 모두 문제를 겪는다는 것은 아니다. IQ가 동일한 영재들끼리도 성격이나 그 특성이 매우 다양하며, IQ도 매우 높고 공부도 잘하며 친구들과 잘 어울리는 영재들도 얼마든지 존재한다. 하지만 부적응하는 경향이 분명 나타난다는 것이다.

이를 두고 고도 영재들이 틀에 박힌 정규 교육 체계에 적응하지 못하여 일어나는 현상으로 보는 학자들이 많다. 고도 영재아들의 지적 우수성과 남다른 사고방식은 평범한 또래 아이들과 어울리는데, 소통의 장벽으로 작용할 수 있으며, 교사와의 갈등을 초래할 수도 있다. 이와 같은 학교생활에서의 부적응이 아이의 정서적 안정을 해치고 학업 성적에도 부정적인 결과를 초래하는 것이다. (4장에서 고도 영재들이 겪을 수 있는 정서적 어려움을 살펴본다. 정서적 문제가 아이의 성취를 방해하는 경우라면 부모들이 아이들의 정서와 사고방식을 이해하고 안정적인 정서적 기반을 확보할 수 있도록 배려하는 과정을 통해 문제가 해결될 수 있을 것이다) 덧붙여, IQ가 110~125로 최적 지능지수 내에 속하는 몰입형 영재나 창의형 영재들도 학업 성적이 부진할 수 있다.(학교의 평가 기준에서 벗어난 다른 것에 흥미를 느끼고 몰입하는 경우가 많기 때문이다)

어떤 교육자들은 조직에 충실히 적응하면서 우수한 성취를 보이는 모범생들의 가치를 훨씬 높게 평가하면서 '영재성은 있지만, 부적응 하는 아이들'을 도태시키는 것을 합리화시키기도 한다. 그리고 '만족 지연 능력'을 테스트한 '마시멜로 실험'을 주로 언급하면서 '자기 통제력'과 '인내력' 그리고 '메타인지(자신이 아는 것과 모르는 것을 정확히 인지하는 능력)'의 중요성을 강조한다. 물론 필자도 이 부분을 매우 중요하게 생각한다. '영재성'의 성공적 발현을 위해서는 반드시 필요한 요소들에 해당한다.

하지만 아이들의 고유한 영재성을 간과한 채 '자기통제력', '메타인지'를 무조건 '학업 성적 향상'에만 끼워 맞춰 해석하려 드는 교육자들의 태도에 대해 필자는 절대 동의할 수 없다.

미성취 영재들이 당장 우수한 성취를 보이는 것은 아니지만 평가 기준에서 벗어난 다양한 잠재력을 보유한 경우가 많기 때문에 너무 나쁜 쪽으로만 몰아가선 안 된다. '모두에게 동등한 기회를 준다'는 것이 '모두에게 동일한 잣대를 들이미는 것'으로 왜곡되어서는 안 된다는 것이다. 한국의 교육은 나름대로 공정한 경쟁을 추구하지만 사실, 모두에게 똑같은 것을 가르치면서 똑같은 방법으로만 성실하고 뛰어날 것을 강요하고 있다. 남다른 기질을 타고난(IQ에 관계없이) 창의적 영재들은 일단 사회가 요구하는 기준에 맞추기 위해 좀 더 무난하고 보편적인 사람이 될 것을 강요받는다. '남다른 기질'이 '무난하게 골고루 뛰어난 기질'로 바뀌는 순간이다. 아무리 1등이라는 명패를 붙여줘도, 머릿속에 쌓여가는 지식이 많아져도 이들이 질적으로는 평범해져 간다는 사실을 부정할 수 없다.

어른들이 할 일은 아이들이 영재성을 드러낼 수 있는 분야를 찾아주고 그 분야에서 지속적인 노력을 할 수 있도록 격려해 주는 일이다. 그 분야가 반드시 '학업 성적'에 한정될 필요는 없다. 영재들에게는 동기유발이 매우 중요하다.

이들은 스스로 선택한 과제에 우수한 성취를 보인다.

일방적인 강요에 의한 과제나 지루하게 반복되는 과제를 싫어하며, 뚜렷한 자의식을 가진 이들은 자신들이 원하지 않는 수단으로 남들과 비교당하거나 평가되는 것에 거부감을 느낀다. 남다른 기질을 타고난 사람들은 각자의 방식에 맞게 성실하면 된다. '자기 통제력'은 아이 본인이 영재성을 발현시키는데 사용하면 된다. 자신에게 맞지 않는 기준을 참고 견디는 것만 '자기 통제력'에 해당하는가?

'미성취 영재'라는 딱지도 알고 보면 아이들의 고유성을 전혀 고려하지 않은 어른들의 일방적이고 획일적인 기준으로 내려진 경우가 많다.

이들은 '다른 답'을 낼 수 있는 아이들을 자꾸 '정답'만 내는 아이들로 수정하려 든다. 교육자들은 '정답'을 낼 수 있는 기량이 먼저 확보되어야 '다른 답'을 낼 수 있는 경지에 오를 수 있다는 논지를 펼친다. 하지만 '정답'을 내는 데에 너무 길들여진 아이들이 정작 사회에 나올 때가 되면 남과 다른 답을 내는 것에 대해 극도의 불안감을 느끼는 존재가 된다. 영재들이 지녔던 '늑대의 야성'은 어느새 사라지고 주어진 과제에만 성실한 '순한 양'이 되어버렸기 때문이다.

대학을 서울 최상위권 대학, 서울 중위권 대학, 서울 중하위권 대학, 지방 국립대학, 지방 사립대학으로 나눠서 어린 시절 영재로 판별된 아이들이 생각보다 명문대에 진학하지 못했음을 가지고 영재들이 사라져 간다고 한탄하는 교육자들도 있다. 영재교육의 성공 여부를 수능 성적과 대학 간판으로 한정시키는 교육자들의 좁은 안목이 현실 속에서 다양한 색깔을 드러내야 할 영재들에게 '미성취 영재'라는 딱지를 붙이고 있는 것이다. 모든 과목을 골고루 균형 있게 잘할 수 있는 소질을 가진 아이들도 있지만, 특정 분야에만 깊이 파고드는 성질을 가진 아이들도 있다는 사실, 교육 시스템의 평가 범위에서 벗어나는 곳에 영재성을 드러내는 아이들도 있다는 사실, 간과된 영재성이 다소 늦게 발견되고 꽃피우는 경우가 있다는 사실을 이들은 너무나 쉽게 간과한다. '정신적 장애' 또는 '학습장애'에 비범함이 가려져 있는 영재들은 이미 관심 대상에서 벗어나 있다.

세상의 모든 영재를 하나의 기준으로 줄 세우고 '성취'와 '미성취'를 판별해내는 행태를 당장 중단해야 한다. 자신의 타고난 영재성에 집중하기보다는 외부에 존재하는 평가 기준에 민감하게 반응하도록 길들여지는 아이들은 자기 주도적인 재능 발현을 하기 어렵게 된다. 영재들이 명문대에 진학하지 못했기 때문에 평범해지는 것이 아니라, '영재성'을 '모든 것에 무난하게 능통할 수 있는 능력'으로 간주하고 그렇게 아이들을 만들고 있기 때문에 평범해 지는 것이다.

성적표에 반영되지 않는 영재성

2011년 강원도 춘천고등학교에 재학 중이던 차○○씨는 당시 17살의 나이에 대학 전공자 수준의 곤충 관련 논문을 제출하여 교수들을 놀라게 한 바가 있다. 어린 시절부터 한국의 파브르를 꿈꿔온 차○○씨는 국내에 잘못 동정된 곤충 6종을 찾아내 생물연구학센터에 보고한 바 있으며 희귀종까지 발견해 세계 석학들을 놀래게 했다. 그뿐만 아니라 어린 나이에 어려운 생물학 전공서까지 독파하고, 수많은 곤충 학명까지 꿰고 있었다. 그의 내신 등급은 그 당시 8등급으로 공부로만 보자면 꼴찌 수준이었다. 하지만 그는 창의인재 전형 덕분에 그 영재성을 인정받아 연세대학교 시스템 생물학과에 입학할 수 있었다. 렌줄리 모형에 적용해 볼 때 그는 '곤충'에 대해 매우 높은 수준의 '지적 호기심과 과제 집착력'을 가지고 있으며, 지식을 단순히 학습하는 차원에서 나아가 대학전공자 수준의 논문을 직접 작성해낸 만큼 연령 대비 매우 높은 수준의 '창의력'을 갖추었음을 추론해볼 수 있다. 그의 IQ는 알 수 없지만 이미 '과제집착력'

과 '창의성' 두 지표가 매우 우수하므로 IQ에 상관없이 해당 분야의 '영재'라고 판단할 수 있을 것이다. 또한, 가드너의 다중지능이론에 따르면 그는 곤충들의 미묘한 생김새를 정확히 관찰하고 변별해낼 수 있는 능력이 탁월하므로 '자연 탐구 지능'이 높다고 판단할 수 있다. 이러한 것들은 모두 '성적표'에 반영되지 않는 능력들이다.

한 분야에 뜨거운 열정을 가지고 몰입하고 있는데 어찌 다른 모든 과목에 우수할 수가 있겠는가? 차○○씨는 내신 성적이나 수능 성적에 상관없이 해당 분야의 영재에 해당한다고 볼 수 있을 것이다.

학계에서는 자신의 잠재력에 상응하는 성과를 달성하지 못한 영재들을 '미 성취 영재'로 정의하고 있다. 하지만 아이의 성취 여부를 판단하는 기준은 어디까지나 해당 영재의 고유성을 반영한 기준이어야 한다. 곤충에 있어서 비범한 지식과 잠재력을 보유한 차○○씨 일지라도 학교 성적만을 기준으로 평가한다면 '미성취 영재'에 해당할 뿐이다. 만일 그 당시의 차○○군 에게 곤충에 대한 관심은 잠시 접어두고 수학, 영어, 국어 공부를 하라고 강요했다면 어떻게 되었을까?

수능은 대학에서 수학할 능력이 있는지를 평가하는 시험이다. 하지만 이미 한 분야에 영재성을 보이는 사람에게 '수능'이라는 시험이 의미가 있을까? 만약 '언어'성적이 저조하면 대학에서 전공 서적을 읽고 이해할 수 있는 능력이 부족하다고 판단되므로 해당 분야에서 전문가가 될 수 없다고 평가해야 할까? 도대체 어느 것이 '본질'에 해당하는가?

자신이 흥미를 느끼는 분야에 대해 지속적인 몰입을 보이며 재능을 자신만의 독창적인 방법으로 발현시켜 나가는 영재가 행복한 영재고 진정한 성취 영재다. 이 사례를 통해 우리는 대한민국 교육이 나아가야 할 방향에 대해 생각해볼 수 있다. 본래 교육의 목적은 모든 학생을 '언외수 1등급'으로 만드는 데에 있지 않다. 교육의 본 목적은 '수동적인 지식의 수용자'가 아니라 '위대한 사색가'를 길러내는 데에 목적이 있다. 이미 정해진 정답을 정확하고 빠르게 찾아낼 수 있는 인재들이 아니라 능동적인 지식의 생산자로서 사회의 각 분야에 새로운 정답을 만들어 낼 수 있는 인재들을 양성해야 한다. 단순히 교과서에 존재하는 지식을 그대로 흡수하고 양적인 차원에서 남을 앞서가는 것이 교육의 전부는 아니다. 그리고 일부 영재들은 이미 능동적인 사색가로서의 재능을 타고났다. 이들의 고유성과 새로운 시도를 존중해 주어야 차○○씨와 같은 영재들이 더 많이 발굴되고 각 분야에 진출할 것이다.

영재성이
합리화의 도구가 되어서는 안 된다

앞에서 설명한 '최적 지능지수'와 '발산 현상'은 영재성(여기서는 높은 IQ)이 꼭 훌륭한 학업 성적을 보장하는 것은 아니므로 이 부분을 간과하지 말라는 점에서 중요한 의미를 갖는다. 낮은 학업 성적에 가려진 아이들의 영재성이 주목받을 수 있도록 이끌었다는 점에서도 의의가 있다. 하지만 필자는 이 '발산 현상'이라는 것이 잘못 활용되면 영재들의 모든 실패에 대해 '면죄부'로 사용될 수 있음을 지적하고 넘어가지 않을 수 없다.

필자는 이러한 경우를 많이 봐왔다. 인생에서 마주할 수 있는 여러 가지 실패에 대해 자신의 과오를 인정해야만 발전할 수 있다. 진정한 영재라고 한다면 높은 지능을 보유했을 뿐만 아니라 자신의 관심 분야를 찾고 지속적인 노력과 인내를 통해 앞으로 나아가야 할 것이다. 마찬가지로 아이는 성장해가면서 크고 작은 여러 가지 일에 도전하면서 실패와 성공을 맛보게 될 것인데, 이 '발산 현상'이라는 것이 실패에 대한, 도전하지 않은 것들에 대한 변명거리로 활용되어서는 안 될 것이다.

아무리 고유한 특성을 타고난 영재라도 스스로가 행복을 느끼고 사회적 성취를 이뤄가기 위해서는 마땅히 '극복'과 '적응'이라는 것이 필요하다. 영재성을 빌미로 외부의 환경만 탓할 수는 없다. 다만 어린 영재들은 주체적으로 자신의 인생을 결정하는 힘이 약하므로 부모가 그 '극복'과 '적응'을 도울 수 있을 뿐이다. 가만히 앉아 누군가 아이의 영재성을 알아주길 바라는 것은 아이의 미래에 아무런 변화를 가져오지 못한다. 물론 모든 과목에서 우수한 성취를 보일 수 있는 영재라면, 명문대학에 진학할 수 있을 것이며, 각종 고시에 도전하여 빛을 볼 수도 있을 것이다.

하지만 모든 영재들이 '학업'으로만 영재성을 증명할 필요는 없다. '공부' 외에 다른 분야에 영재성을 지니고 있거나, 특정 과목에 한정해서만 우수한 성취를 보이는 영재들이라면 그 분야에서 실력을 쌓을 수 있도록 하자. (2장에서 설명한 가드너의 다중지능이론을 다시 한번 살펴보고 아이의 타고난 잠재력을 놓치는 일이 없도록 하자)

그래도 다행인 점은 우리 사회가 확고한 개성과 좀 더 본질적인 내공(內功)을 가진 사람들이 인정받는 사회로 조금씩 변해가고 있다는 사실이다. 외형적 스펙만 갖춘 사람들보다는 자신의 고유성을 적절히 드러내고 세상을 자신만의 방식으로 색칠해 나가는 사람들이 더 대접받으며 자신의 삶에 대해 더 높은 수준의 만족감을 느끼고 있다. 앞으로의 시대는 실력과 개성이 존중받는 시대이므로, 아이가 영재성을 보이는 분야를 학업과 적절히 병행할 수 있도록 허락하는 것도 좋은 방법이다. 성적이 나쁜 아이가 불행한 것이 아니라 자신의 재능과 관련 없는 인생을 살게 될 아이가 불행한 것이다.

물론, 아이의 정서적 문제가 성취를 방해하고 있는 것은 아닌지 항상 살펴봐야 할 것이다.

학교는 영재들을 잘 알아볼 수 있을까?

　영재가 꼭 학업 성적이 우수하거나 '수학' 또는 '과학'에만 우수성을 보이는 것이 아님에도 교육 현장의 다양한 색깔의 영재들을 알아보지 못하고 있는 것이 우리 교육의 현주소다. 음악, 체육, 미술 등에 대한 비중을 늘려간다고는 하지만 수학과 과학에 비해 중요성이 간과되며 빈약하게 다루어지는 것이 현실이다. 또한 수학과 과학에 영재성을 가진 아이라고 해서 꼭 좋은 결과를 보여주는 것도 아니다. 자기 성향이 확고한 영재들의 경우 공부 방법의 주도권을 놓고 교사 또는 부모와 충돌하기도 한다. (시험에서의 고득점과 거리가 먼 방향으로 수학과 과학을 탐구하고 공부할 수도 있다)

　물론, 아이가 영재성과 모범성을 적절히 갖추고 학교생활을 착실하게 해나갈 수 있다면 교사의 눈에 들기도 쉽고 영재학급, 영재교육원, 영재학교 등에 무난히 진입할 수 있을 것이다. 하지만 영재들끼리도 스펙트럼이 존재하며 그 특성이 저마다 자기 규정적이다. 교사들은 영재 같지 않은 영재아들을 과연 어떻게 평가할지 미지수다.

교사관찰추천제는 영재아 선발을 위해 교육 선진국에서도 활용하는 방법이지만 동시에 논란도 많은 방법이다. 교사들은 공부를 잘하고 자신의 지시를 착실히 따르는 모범생을 영재로 생각하는 경향이 강하기 때문이다. 너무 창의적이어서 교과서에서 벗어난 질문을 하거나 교사의 주장에 여러 가지 의문을 제기하는 아이는 수업에 방해가 되는 문제아로 여겨질 수 있다. 장애와 영재성을 동시에 가진 아이들은 말할 것도 없다.

한국의 영재교육이 이미 성공한 영재들에게만 주목하는 반면, 교육선진국인 미국은 가능성이 있는 아이들에게도 관심을 아끼지 않는다. 교육 선진국인 미국에서는 영재교육의 대상이 '미성취 영재'나 '소외된 영재'에 까지 확대되어 있다. 한국에서라면 당장 기피의 대상이 될 ADHD(주의력 결핍·과잉행동증후군) 학생들도 영재교육을 받을 수 있도록 배려해주고 있는 것이다.

교사에게 영재로 인정을 받아야만 영재인 것은 아니다. 영재 교육기관에 진학하여 제도적으로 인정받아야만 영재인 것도 아니다. 소속 집단에 상관없이, 교사의 추천 여부에 상관없이 아이가 특정 분야에 우수한 잠재력을 가지고 있는 것이 사실이라면 그 자체로 영재성이 있다고 봐야 하며, 아이가 자신의 지적 욕구를 충족하고 지속적인 몰입을 할 수 있도록 충분히 배려해야 한다. 영재교육의 목적은 간단하다. 아이의 영재성을 발굴하고, 그것을 키워주는 것이다.

이는 개인과 사회 모두에 유익한 일이 된다. 더구나 물적 자원이 부족한 나라에서 두뇌(인적 자원)는 매우 중요한 가치를 갖는다. '영재성'이 누구에게나 쉽게 발견되는 것이었다면 애초부터 '발굴'이라는 땀 냄새 짙은 표현을 쓰지도 않았을 것이다.

한때 문제아 취급을 받던 창의적 영재들

월트 디즈니는 창의력이 부족하다는 이유로 신문사에서 해고당했다.

알베르트 아인슈타인은 다른 아이들보다 말문이 터지는 데 오랜 시간이 걸렸다. 7살이 되어서야 글을 읽을 수 있었다. 가정교사는 아인슈타인을 세상에서 가장 멍청한 아이라고 생각했다. 학교에서는 손꼽히는 낙제생이었으며 선생님들 사이에서 문제아로 낙인찍혔다. 그는 권위주의적이며 획일적 사고를 강요하는 학교에 전혀 적응하지 못했다.

윈스턴 처칠은 학창시절 공부는 바닥이었고, 육군사관학교를 삼수 끝에 턱걸이로 합격했다. 파블로 피카소는 또래들보다 언어 발달이 느렸으며, 심지어 수학 실력도 형편없었다. 피카소의 아버지는 과외선생님을 고용했지만, 과외선생님은 끝내, 피카소를 포기하고 말았다. 리하르트 바그너는 학교에서 유급당했으며, 작곡가의 길을 가기 위해 16세에 학교를 등졌다. 토머스 에디슨은 학교에서 공부하기엔 너무 멍청하다는 말을 들었다. 찰스 다윈은 공부를 못했기 때문에 집안에서 망신거리로 여겨졌다. 교사에게는 공부를 그만두고 구두나 닦으라는 평을 들었다. 라이트 형제는 고등학교를 중퇴했으며, 톨스토이는 대학에서 낙제했다. 이러한 역사적 사실들은 창의적인 재능이란 것이 얼마나 복잡하며 미묘한지를 보여준다.

영재성은 어린 시절부터 나타날 수 있지만, 성인이 되어 늦게 발현되는 경우도 있다. 또한 모든 영역을 골고루 잘하는 영재부터 시작해 재능의 편차가 심한 영재까지 다양하게 존재한다. 피카소나 아인슈타인과 같은 영재는 일정 영역에서 일반인보다 못한 면모를 보이기도 했다.

하지만 이들이 세상을 바꿀 천재로 성장할 줄 누가 짐작이나 했겠는가.

영재교육기관 활용하기

각 영재교육 기관의 소개뿐 아니라 구체적인 진학 정보를 이 책에서 다룰 예정이었으나 구체적인 진학 정보는 이 책의 주요 방향과는 거리가 있고 매년 변동 가능성이 있기 때문에 다루지 않았다. 여기에서는 각 영재교육기관의 종류와 그 특징을 간략하게 다루어 보는 것으로 하자.

우리나라의 제도적 차원의 영재교육은 영재학급과 영재교육원에서부터 시작된다. 물론 입시 위주의 경쟁 풍조가 강하며, 미국이나 독일 등 교육 선진국보다 영재교육의 역사도 그리 길지 않아, 모든 영재들을 만족시켜 줄 만큼 완벽하다고 보긴 어렵다. 하지만 영재성을 지닌 아이들이 함께 모여 각자의 고유성에 맞는 제도적 차원의 교육을 받을 수 있다는 사실만으로도 지적 욕구와 도전 정신을 충족시킬 수 있을 것이다. 초기의 영재 교육은 수학이나 과학에만 집중되었지만, 지금은 수학, 과학을 비롯해 수학과 과학의 융합, 융합정보, 발명, 미술, 음악, 문예 창작, 체육 등으로 그 분야가 늘어나는 추세다.

영재교육기관의 종류

· 영재학급

영재학급은 지리적 여건상 영재교육원에 진학할 수 없는 농어촌 지역 및 중소도시 학생들에게 영재교육의 기회를 제공하는 데 중점을 두고 있다. 영재학급은 초, 중, 고등학교에 설립되어 있으며 1년에 40만원 정도로 비용이 저렴하지만, 아이들의 지적 욕구를 효과적으로 충족시켜 줄 수 있다는 점에서 상당히 비용 효과적이다. 하지만 문제는 모든 학교에서 영재학급을 운영하고 있지는 않다는 점이다. 학교마다 영재학급 실시 여부가 다르므로 개별적으로 문의해 보는 수밖에 없다. 수업은 방과 후 특별 활동 시간을 할애하거나 방학 기간을 이용해 진행되며, 일주일에 3시간 정도의 수업이 이뤄진다. 배우는 과목은 주로 수학이나 과학이다. 영재학급의 학생선발은 교사의 관찰추천제 방식으로 진행된다. 교사 관찰추천제는 지도 교사가 해당 학생의 영재적 특성을 지속적으로 관찰해 영재교육 대상자로 추천하는 영재 선발제도라 할 수 있다. (영재교육원의 추천방식도 마찬가지다)

· 영재교육원

영재교육원이란 탁월한 소질을 가진 아동이나 청소년을 발굴하여 이들이 지닌 우수한 잠재력이 최대한 발현될 수 있도록 돕는 곳이다. 영재교육원에 진학하기 위해서 무조건 어려운 문제를 풀어야 한다거나 무리한 선행학습을 해야 하는 것은 아니다. 해당 학년의 교과 내용을 심화 학습하고 일상 속에서 일어나는 일들을 교과서의 개념과 관련 짓고 응용해 볼 수 있는 다양한 문제들을 접해보는 것이 좋다. 영재교육원에 진학한 아이들의 학업 성적이 모두 우수한 것도 아니다. 뚜렷하게 흥미를 보이는 분야가 있고 우수한 사고력과 창의력을 보유한 아이들이 영재교육원에 들어온다. (초등학교 4,5,6학년이 대다수이며, 저학년 때부터 최소 1년간 대비하는 것이 좋다) 하지만 단순히 영재교육원에 입학한다고 해서 모든 문제가 끝나는 것은 아니다. 수학의 수준이 매우 높기 때문에 많은 인내를 필요로 하며 아이는 진학 전 단단히 각오할 필요가 있다. 그만큼 영재교육원은 일반 교육과정보다 더욱 심화된 학습을 필요로 하고, 호기심이 강하며 실험과 탐구를 통해 결론을 주도적으로 도출해내는 것을 좋아하는 학생들에게 적합한 교육환경을 제공해주는 곳이라 할 수 있다.

수업은 주로 방과 후, 여름방학이나 주말에 이루어지며, 영재아를 다룬다는 특수성에 맞게 일반 학교와는 조금 다른 방식으로 수업이 진행된다. 보통의 학교에서 진행되는 수업은 교사가 일방적으로 학생들에게 지식과 정보를 전달하는 형태이지만, 영재교육원에서는 학생들의 자발적 탐구를 중시하는 방향으로 수업이 진행된다.(영재교육원에서는 수업 외에 창의적 산출물 대회를 많이 개최한다) 교사는 큰 틀에서 실험의 방법을 제시해줄 뿐이며, 그 실험을 직접 진행하고 탐구하며 답을 찾아내는 것은 학생들의 몫이다. 보통 혼자보다는 2~5명이 팀으로 구성되어 함께 실험을 주도하게 된다. 조별로 서로의 의견을 공유하고, 토론하며 그것을 다시 통합하는 과정을 통해 더욱 사고능력이 신장될 수 있다. 또한 수학, 과학 등의 과목에만 한정되는 것은 아니며, 음악, 미술, 체육, 문예 창작 등 다양한 교육 분야가 존재한다. 하지만 각 분야가 서로 융합되는 추세에 따라 수학과 과학이 융합되는 과정이 증가했고, 인문사회과정, 융합과정이 생겼다.

영재교육원은 그 운영 주체에 따라 크게 교육지원청 영재교육원, 대학교 부설 영재교육원으로 분류되며, 행정기관 소속(중소기업청, 특허청 등), 기타 사설단체 소속으로 운영되는 영재교육원도 있다. 연간 수업 시간은 각 시도 교육청별로 다양하지만 70~140시간 정도다. 대학 부설 영재교육원의 경우 연간 100시간 내외로 수업이 진행된다.

· 대학교 부설 영재교육원

강릉원주대, 강원대, 경남대, 경북대, 경상대, 경원대, 공주대, 군산대, 대진대, 목포대, 부산대, 서울대, 서울교대, 순천대, 아주대, 안동대, 연세대, 울산대, 인천대, 전남대, 전북대, 제주대, 창원대, 청주교대, 충남대

대학 부설 영재교육원의 경우 수업은 주로 대학교수들이 주도하며 주말과 방학을 이용한 커리큘럼으로 구성된다. 선발은 대학에 따라 다소 차이가 있으므로 모집요강을 개별적으로 확인해야 한다.

· 영재교육원 선발 방식

교육지원청 영재교육원은 GED 사이트(https://ged.kedi.re.kr)에서 신청하며 대학 부설 영재교육원의 경우 대학별 모집 요강을 개별적으로 확인하고 지원해야 한다.

1단계 : 서류접수

　　교육지원청 영재교육원은 GED로 원서 접수를 한다.
　　대학부설 영재교육원은 지원자 서류접수를 한다.

2단계 : 창의적문제해결력검사

　　영재성 검사(창의성, 탐구력, 논리적 사고력 평가)

3단계 : 심층면접
　　창의성, 문제해결력, 인성 평가

최종 합격자 선정 : 심사위원회 심의를 통해 최종 합격자 선정

· 영재학교

　영재학교는 영재들을 위한 학교이며, 주로 이공계 영재 학생들을 위해 운영
된다. 영재교육 진흥법에 따라, 고등학교 과정 이하의 일부 학교를 지정하여
운영된다. 법률상으로는 초등학교나 중학교 과정의 과학영재학교도 지정될
수 있지만, 실질적으로는 고등학교 과정만 지정할 수 있다. 독특한 점은 법적
으로 엄밀하게 따져볼 때 고등학교는 아니지만, 고등학교 학력으로 인정된다
는 점이다.

　고등학교가 아닌 고등학교 학력으로서 인정된다는 것은 교육부 산하 교육
기관이 아님을 의미한다. 영재학교는 교육부 산하의 일반 고등학교, 과학고와
달리 학년제가 아닌 이수학점제로 운영되는 등 그 운영에 있어 자율성과 독자
성을 가진다. 또한 영재학교에서 진행되는 모든 수학 및 과학 과목들은 학문의
본질에 초점이 맞추어져 있어, 대학 입시에서 요구하는 커리큘럼과 근본적인
차이가 있다. 각 학교마다 특화된 연구 프로그램이 존재하며 학생들이 연구를
직접 해 볼 수 있다는 점에서 큰 의미를 지닌다. (물론, 명문대학 진학을 중요시
하는 교육 풍토에서 학생들이 학점관리에 굉장히 신경 쓰는 것이 사실이지만,
교육 과정 자체는 영재를 위한 프로그램으로 구성되어 있다)
　화학, 물리 과목은 대부분 대학 전공자 수준의 교재를 사용하며, 학교의 시

스템 운영 자체가 대학교와 유사하다. 2학년부터는 전공 심화 과목을 신청하여 수강할 수 있다. 이때 대학 연계 과목인 AP 과목들(수학, 과학에 한정되며 카이스트 부설 한국과학영재학교의 경우 이곳에서 들은 학점이 카이스트, 포스텍, 유니스트 등의 대학에서 학점으로 인정되기도 한다)이라는 것이 존재하는데, 이 수업에서는 영어 원서로 된 대학교 교재를 사용하며, 시험 문제도 영어로 출제된다.

· 영재학교의 종류

영재학교는 영재교육의 목적으로 설립된 학교로 2019년 현재 8곳이 존재한다. 8개의 영재학교는 과학영재학교 6곳, 과학예술영재학교 2곳으로 분류된다.

과학영재학교

KAIST 부설 한국과학영재학교

서울과학고등학교

경기과학고등학교

대구과학고등학교

대전과학고등학교

광주과학고등학교

명칭에 '과학고등학교'가 붙어 있지만 이들은 과학고등학교가 아니라 영재학교다. 과학고등학교에서 영재학교로 전환되었음에도 기존의 명칭을 바꾸지 않고 그대로 사용하는 경우다.

과학예술영재학교

세종과학예술영재학교

인천과학예술영재학교

명칭에 '예술'이라는 단어가 들어가 있지만 사실은 과학이 중점이므로 수학적 과학적 능력을 제대로 갖추고 있어야 한다. (이과적 소양뿐 아니라 인문학적 소양과 예술적 소양도 갖춘 융합형 글로벌 과학 인재를 선발한다는 취지이며, 융합 전문교과가 20% 이상 구성된 것을 제외하면 과학영재학교와 사실상 차이가 없다)

과학고와 영재고의 차이점
과학고

과학고는 교육부 산하 교육기관이기 때문에 초중등교육법에 따라 일반 고등학교들처럼 정규고등학교 교육과정을 이수해야 한다. 또한 선행학습금지법의 적용을 받기 때문에 AP(대학선수과목이수)를 획득할 수 없다.

모집 지역은 광역시 및 도단위 선발이다.

영재학교

영재학교는 초중등교육법이 아닌 영재교육진흥법의 적용을 받는다. 이는 그만큼 운영의 자율성이 크게 보장됨을 의미하며 대학교처럼 학점이수제로 운영된다. 과학고와 달리 AP(대학선수과목이수)프로그램도 진행되고 있다. 지원 자격은 전국대상이다.

· 영재학교 선발 방식

영재학교는 중학생이면 누구나 지원이 가능하지만 실질적으로 중2나 중3이 진학하는 경우가 많다. 영재학교 입학 전형은 다음과 같이 3단계로 정리될 수 있다.

1단계 서류평가

2단계 영재성 검사(수학, 과학 지필평가)

3단계 캠프 및 영재성 다면 평가

필요하다면 사교육도 신중하게

적정한 사교육도 도움이 된다. 다만 선택은 신중해야 한다.

영재아를 위해 영재학급, 영재교육원, 영재학교 등 영재교육 기관을 활용할 수도 있지만, 현실적으로 모든 영재가 영재교육 기관에 진학할 수 있는 것은 아니다. 또한 공교육 시스템은 평범한 학생들에게 기준을 둘 수밖에 없는 것이 현실이므로, 다양성에 대한 배려가 부족한 교육 환경에서는 부모 스스로 개별적인 학습의 기회를 마련할 수밖에 없다. 결국, 영재아를 둔 부모들 입장에서는 사교육이 이러한 문제를 해소하는 주요 대체 수단이 된다.

하지만 무분별한 사교육은 영재성을 망칠 수 있으므로 학원의 선택에 신중할 필요가 있다. 특히, 영재교육을 단순한 선행학습과 혼동해서는 곤란하다. 영재교육이란 영재아의 고유성을 반영하여 가장 적합한 과목과 그 난이도의 과제를 제시하는 것이며, 정서적 균형을 위해 영재아 특유의 정신적 특성까지 고려하는 것이다. 학업 성적을 비롯한 외부적 지표에만 집착하는 학원은 아이의 타고난 재능과 정서적 특성을 고려하기보다는 당장 결과를 보여주기 위한 단기적 성과에 집착하기 마련이다. 그 결과, 가시적인 과잉선행학습으로 나아가기 쉽다. 하지만, 과잉선행학습은 아이에게 지나친 정신적 스트레스를 유발하며 기억을 관장하는 해마라는 뇌의 부위가 축소되는 등 오히려 역효과가 나타날 수 있다고 주장하는 학자들도 많다. 아이의 재능과 학업 성취도를 고려하는 선에서 앞서 배울 수 있도록 하는 것이 적정하다 할 것이다.

한편 '영재'라는 같은 부류에 속한 아이들조차 각자 재능을 보이는 분야와 그 정도가 다르다는 사실을 명심해야 한다. 예를 들어 언어적 능력이 탁월한 영재아의 경우 외국어를 빨리 배우고 구사하는 어휘 수준도 또래들보다 매우 높은 반면 수리적 능력을 요구하는 능력은 평범하거나 그 이하일 수도 있다. 하지만 '영재'라는 간판을 내건 학원들을 보면 대부분 아이들에게 경쟁을 의식한 획일적 성과를 강요하는 경우가 많다.

이는 독보적인 홍보사례를 통해 수익을 창출하려는 학원의 욕망과 아이를 모든 면에서 우수하게 만들고자 하는 학부모들의 욕망이 서로 맞물려 나타나는 현상이기도 하다. 하지만 아이의 특수성을 무시한 획일적 선행학습은 아이의 영재성을 퇴보시킬 수 있다는 것을 알아야 한다. 특정 분야에 재능을 보이는 영재라면 그 분야의 강점을 키우기 위해 선행학습을 시키되 다른 분야에 대해서는 약점을 보완하거나 균형을 유지하는 선에서 교육이 이루어져야 한다. 약점을 보완하거나 균형을 유지하는 것이 영재아 본연의 재능 발달을 방해해서는 안 된다.

끝으로, 아이의 정서적 측면도 간과하지 말아야 한다. 영재아는 또래보다 지능이 발달한 것은 맞지만 정서적 측면은 아직 미성숙하다는 점을 간과해선 안 된다. 이러한 비동시성 발달을 간과한 채로 인지적 측면의 발달에만 치중하는 사교육에 아이를 내몬다면 아이는 점차 행복과 멀어지게 될 것이다. 결국 영재를 둔 부모는 지혜로운 판단과 선택으로 아이에게 교육의 기회를 제공해야 하는 과중한 임무를 짊어진 셈이다.

제4부
아이의 내면 들여다보기

영재아는 우수한 인지적 능력과 추론 능력을 가지고 있다. 하지만 이렇게 우수한 지능이 도리어 보편적이지 않은 내적 경험을 하게 만들고, 보편적이지 않은 언행을 하게 만들어 주변 사람들을 당황스럽게 만들 수 있다. (보통의 영재들보다는 지능이 우수한 고도 영재일수록 이러한 경향이 짙게 나타날 수 있다)

이번 장에서는 아이의 '머리'에 비해 소홀하게 다루어져 왔던 아이의 '가슴'에 대해 살펴보는 시간을 갖자.(사실, 두뇌와 심장은 서로 긴밀한 영향을 주고받는다)

아이의 '가슴'에 대해 얼마나 알고 있는가?

영재에 대한 연구가 과거부터 활발하게 진행되어온 미국과 달리 한국에서는 영재들의 정서적 측면에 대해 다루는 연구가 부족했다. 시중에 출간된 도서들도 대부분 영재들의 지적 측면이나 학습 능률에 관한 것들에 불과하며(주로 IQ를 높이고 학업 성적을 우수하게 만드는 것), 영재의 정서와 심리를 다루는 서적들은 대부분 외국의 도서를 번역한 것들이다. 학부모들 역시 아이의 '가슴'보다는 '머리'에 관심이 더 많다. 아이의 학업 성적에 관해서만 관심이 있을 뿐 아이의 내면에 어떠한 세계가 구축되고 있는지에 대해서는 잘 알지 못한다. 그만큼 아이의 정서적 안정과 긍정적 자아 형성에 대해서는 부차적인 문제로 취급하는 것이다.

하지만 지능적 측면만 고려한 영재 교육은 반쪽짜리 교육이 될 수밖에 없고, 영재 본인도 자신의 존재에 대해 불안정한 인식을 할 수밖에 없다. 정서적인 측면에서의 적절한 교육과 지도를 받지 못한 영재들은 지적으로는 우월하고 공부도 잘하지만, 스트레스에 대응하는 능력이 떨어지며, 자아가 불안정하게 형성될 소지가 높다. 이번 장에서는 영재들의 정서적 특성과 이에 기반한 행동들을 살펴봄으로써 아이의 마음을 이해할 수 있는 계기가 되기 바란다.

비동시성과 정서적 어려움

홀링워스, 제노스, 로빈슨, 칙센트미하이, 레선드, 월른 등 심리학자를 비롯한 많은 학자들은 지능이 우수하거나 한 영역에서 뛰어난 능력을 보이는 아동들은 남다른 정서적 특성을 가지고 있으며, 보통 아이들보다 정상범주에서 벗어난 내적 경험을 할 가능성이 높다고 주장한다. 예를 들어 나이에 맞지 않게 너무 고차원적인 문제로 골치를 앓고 있거나, 또래들과의 부조화로 주로 혼자서 시간을 보내는 것 등을 들 수 있다. 그렇다면 대체 왜 영재아들은 정상 범주에서 벗어나는 경험을 많이 하는 것일까?

이것은 영재아의 비동시성과 관련이 깊다. 영재들은 비상한 인지능력을 보유했지만, 상대적으로 미성숙한 정서적 특성이 함께 융합되어, 정상범주에서 벗어난 내적 경험 및 행동을 하게 되는 것이다. (비동시성 특성은 아이의 마음속에 내적 불일치를 초래하고 정서적 안정감을 깨뜨리는 등 여러 심리적 문제를 야기할 수 있다) 특히, 지적 능력이 비범할수록 비동시성에 따른 정서적 어려움을 호소하는 경향이 짙어진다. 인지적 특성만 놓고 보자면 어른 못지않게 우수하고 난해한 철학적 주제에 대해서 유식함을 뽐내던 아이가, 갑자기 장난감을 사주지 않는다고 소리 지르거나 울면서 화를 내기도 하는 것이다. 이렇게 유독 인지적 발달이 앞서가는 비동시적 발달은 영재아 본인은 물론 그 주변 사람들까지 힘들고 당황스럽게 만든다. 영재의 이러한 특성은 우리 일상에서 전혀 자연스럽지 못한 방식으로 표출된다. 하지만 안타깝게도 대부분의 부모들은 아이의 '행동'이 어떠한 내면적 특성으로부터 비롯되었는지를 전혀 이해하지 못한다. 그 때문에 아이를 일방적으로 꾸짖기 쉽고, 서로 간에 상처를 동반하는 감정 소모로까지 이어지기도 한다. 그리고 그 상처를 크게 받는 사람은 언제나 아이 쪽이다. 따라서, 영재아를 둔 부모라면 이들의 내적 경험과 사고 방식 등을 이해하려고 노력해야 하며, 교육, 지도, 대화 방법 등에 있어서도 보통 아이들과는 다른 방식의 접근이 필요하다 할 것이다.

영재는 모든 면에서 우수한 존재라기보다는 어느 특정한 분야에서 두드러진 능력이나 기술을 중점으로 여러 다른 능력들을 결합시켜 창조성을 발현하는 존재에 가깝다. 이들이 진정한 창조의 과정으로 나아가기 위해서는 비동시성에서 초래되는 여러 약점들을 보완해야 할 것이다.

영재들의 고민과 스트레스

영재들은 보통 아이들이 겪지 못하는 독특한 형태의 스트레스를 받는다. 영재들마다 그 특성 및 성향이 다양하지만, 다음과 같은 고민을 하는 경우가 많다.

· 학교는 너무 따분하고 지루한 곳이다.

· 나를 이해해줄 수 있는 친구가 거의 없는 것 같다.

· 나는 다른 사람과 달리 마치 외계인처럼 느껴진다. 아이들이 나의 유별남을 가지고 놀리는 것 같다.

· 세상에 대해 많은 고민을 하지만, 내가 실제로 할 수 있는 일은 아무것도 없다는 점에 무력감을 느낀다.

· 아이들은 내가 똑똑하다는 점을 못마땅해 하는 것 같다.

· 인생에서 내가 해야 할 일이 너무나 많다는 부담감에 압도된다.

· 주변사람들은 내가 항상 완벽하길 기대한다.

고도 영재가 보일 수 있는
부자연스러운 행동들

여러분의 아이가 혹시 이렇지 않은가?

다음에 언급된 문제들은 일상에서 부자연스럽게 표출될 수 있는 영재들의 지적, 정서적 특성들에 대한 것이다. 여러분의 자녀가 이에 얼마나 해당하는지 살펴보자.

- 과잉 활동성을 보이며 충동적인 행동을 보인다. ADHD(주의력 결핍 및 과잉 행동 장애)인가?
- 또래들보다(일상적인 것과 거리가 먼) 고차원적이고 철학적인 걱정을 한다.
- 자기중심적 사고를 가진 것 같다. 모든 일을 자기중심적으로 판단하고 행동한다.
- 소리, 냄새, 시각적 자극 등에 민감하게 반응하며, 사소한 자극에도 과잉 반응을 보인다.
- 아이가 자신의 목표를 달성하지 못하면 몹시 짜증을 내며 다소 비정상적인 좌절감을 표한다.

- 또래들이 주로 관심을 두는 대상에는 흥미가 없다. 또래들과 어울리기보다는 자신과 흥미를 공유하는 소수의 친구와 지내거나 자신보다 나이가 많은 사람과 지내는 것을 선호한다.

- 종일 몽상에 빠져있는 경우가 있고, 일상의 기초적인 과제에서 서툰 모습을 자주 보인다.

- 어떤 때는 열정이 넘치고 활기차지만 어떤 때는 매우 우울해 보이고 분노를 표출한다. 조울증(양극성 장애)인가?

- 물건들을 작동시키거나 해체하는 것에 집착한다. 특정 물건에 과하게 관심을 보이며 몰두하기도 한다.

- 비범하지만, 상식적이지 못하다. 사물을 너무 어렵게 판단하려고 한다.

- 매우 논쟁적이고 도전적이다. 지식을 과시하는 것 같고 어른들을 이기려 드는 것 같다.

- 친구가 별로 없으며 주로 홀로 다닌다. 사교적인 기술이 많이 부족해 보인다.

- 스스로에게 너무 높은 기준을 설정하며, 다른 사람의 기대에 부응해야 한다는 부담감을 갖는다.

- 다소 피곤할 정도로 질문을 많이 하고, 다른 사람의 대화에 불쑥 끼어들며 이야기를 이어간다.

이상주의와 실존적 우울

이상주의는 높은 지능과 통찰력, 그리고 아이의 순수함이 빚어낸 결과다. 지능이 높다는 것은 외부의 정보를 수용하고 분석하는 능력이 뛰어나다는 것을 의미한다. 하지만 10살의 어린이가 성인 수준의 지적 통찰력을 갖게 된다면 어떻게 될까? 탁월한 지적 능력을 갖추고 있는 영재아는 외부의 경험과 지식을 또래 아이들보다 훨씬 빠르게 축적하며 특정 대상을 평가하는 자신만의 고유 기준을 만들어 낸다. '~하다면(가치) ~해야만 한다. (행동)'는 식의 가치관이나 기준이 또래들보다 훨씬 이른 시기부터 형성되는 것이다. 이렇게 형성된 기준은 어린 영재가 세상의 너무나 많은 것들을 진단하게 만드는 데 문제가 있다. 어른들에게도 난해한 전쟁, 죽음, 불평등의 주제에 관해서도 많은 수준의 지식과 정보를 보유하고 있어 놀라움을 주기도 한다. 아침에 이불을 개는 것이나, 식후 양치질을 하는 것, 사용한 물건을 제자리에 갖다 놓는 것 등 일상의 사소한 것들은 망각할 수 있다. 하지만 고차원적인 문제나 자신의 정체성에 관한 문제에 대해서라면 너무나 진지한 태도를 보인다. 얼핏 생각해보면 대단히 비범하고 무서운 지성이다.

하지만 너무 어렸을 때부터 자기만의 기준이 확고해진다는 것은 독자성과 자율성보다는 획일성과 강제성을 요구하는 학교생활에 부적응할 가능성이 커짐을 의미한다. 또한 그 기준이 매우 높고 견고하게 형성되어 있다는 점도 문제다. 자신의 이상적 기준에 부합하지 않는 교칙이나 어른의 지시는 당최 이행하려 들지 않는다. 또 이런 영재들이 자신만의 세계 속에 방치된 채로 오랜 시간이 흐를 경우 또래와 소통하는 데 어려움을 겪을 가능성이 높다.

이상주의는 실존적 우울로 이어지기 쉽다. 지능이 높은 영재일수록 분석과 통찰을 통해 '무엇은 어떻게 되어야 한다'는 식의 자기만의 기준이 뚜렷하게 형성된다. 하지만 이 세상의 현실이 자신의 이상과는 너무도 다르다는 것을 깨닫게 되는 순간, 너무 큰 실망감과 좌절감을 맛보게 된다. 특히, 초 고도지능을 보유한 영재일수록 자신을 둘러싼 모든 사람들이 개선이 필요한 모순덩어리로 느껴질 가능성이 높다. 높은 통찰력이 사람들의 말과 행동에서 나타나는 갖가지 모순점을 잡아내고, 너무 이른 나이부터 인간이라는 존재에 대해 회의를 느끼게 만드는 것이다. 그래서 이러한 문제들을 자신이 어떻게 해결할 수 있을지에 대해 많은 고민을 하게 되지만, 결과적으로 자신이 할 수 있는 것들이란 엄마에게 혼나지 않기 위해 이불을 바르게 정리하고, 선생님께서 내주신 과제를 착실하게 해오는 것밖에 없다.

내면의 심각한 고민을 주변에 털어놓을 곳도 없다. 또래들에게 고민을 털어놓게 되면 당연히 공감을 얻지 못할 것이며, 어른들 역시 영재아의 일상적인 생활 태도 등 사소한 문제들만 지적할 뿐 대수롭지 않게 넘겨버린다.

그 결과, "인생이란 무엇인가?", "산다는 것은 무엇인가?"라는 자신의 한계와 존재에 대한 고민으로 내면이 점철된다. 원래 이런 고민은 중년의 나이에 나타나기 마련인데 고도 영재의 경우 어렸을 때부터 이러한 고민에 빠지는 경우가 많다. 성인 영재들은 이러한 고립감을 벗어나기 위해서 자신과 똑같은 문제를 경험하고 있는 사람들을 찾아가 적극적으로 소통을 시도할 수 있다. 하지만 영재아의 경우 신체적, 정서적으로 미숙하며 경제적인 능력에도 한계가 있기 때문에 자력으로 이러한 기회를 마련하기란 매우 어려운 일에 해당한다. 이때 부모의 역할이 매우 중요하다. 아이가 죽음이나 불평등 문제에 대해 큰 관심을 가지고 고민을 하는 모습을 보인다면, 가능한 진지한 태도로 아이의 의견을 들어주어야 한다. 아이의 말을 잘 들어주고 공감해주는 것만으로도 큰 효과를 볼 수 있다. 아이는 점차 부모로부터 진실한 애정과 신뢰를 느끼게 되며 아직 이해하지 못한 추상적인 개념들에 대해 추가적인 질문을 해올 것이다. 그러면 부모는 사람은 태어나면 왜 죽는 것인지, 그리고 왜 인류의 평화가 쉽게 이루어지지 않는 것인 지에 대해 미리 고민하고 아이와 대화를 주고받을 준비가 되어 있어야 한다.

다소 이상적이고 자신의 나이에 맞지 않게 큰 생각을 하는 아이들은 한때 부적응의 모습을 보일 수 있지만, 점차 삶의 큰 가치를 발견하고 안정적인 정서적 기반을 확보하고 나면 어느 곳에서든 위대한 사람으로 성장할 가능성이 높다고 하겠다. 아이가 고민하는 것들에 대해 귀를 기울여 보자.

권위와 전통에 대한 도전적 태도

영재의 높은 지적 능력과 통찰력은 기존의 전통이나 권위와 상충하게 만든다. 영재는 이 세상의 것을 그대로 수용하는 재능이 부족하다 보니 '권위'에 대해서도 보통 사람들보다 훨씬 분석적으로 접근한다. 예를 들어, 상대방이 자신보다 나이가 많은 어른이라 해도 영재는 그 권위를 있는 그대로 받아들이지 않으며 자신만의 이상적인 기준으로 평가하려 든다. 영재의 통찰력은 일상적인 것들도 의심하게 만든다. 이미 타인들이 떠받들고 있는 보편적 규범도 영재에게는 재검토의 대상일 수 있다. 이런 영재의 기본 특성은 성인이 되어서도 쉽게 사라지지 않는다. 성장 과정에서 풍부한 사회적 경험과 사교적 기술을 축적할 경우 원만한 사회생활에 문제가 없도록 자신의 행동을 조절할 수는 있겠지만 진리를 추구하는 사고방식 자체가 근본적으로 바뀌는 것은 아니다.

하지만 이들은 오만한 사람들도 아니고 천성이 나쁜 사람들도 아니다. 단지,

외부의 기준을 그대로 수용하는 것이 이들에게는 부자연스러운 것이기 때문이다. 다른 사람이 귀찮다고 회피하는 사소한 문제를 붙잡고 심각한 고민을 하는 존재들이 바로 이들이다.

영재들은 자신의 약점과 한계를 빨리 알아채지만, 이는 타인들의 결점에 대해서도 마찬가지다. 특히, 영재들은 자신들이 수긍할 수 없는 허술한 설명을 매우 싫어하기 때문에, 이러한 영재의 특성이 교사나 부모와의 갈등을 유발할 수 있다. 예를 들어, 부모가 "대충 다 그런 거야"라며 어른이라는 지위로 어떤 생각을 강요하려 들면 그것을 순순히 받아들이지 않는다. 이들은 상대가 틀린 말을 한다고 판단될 경우 "그건 틀렸어요."라고 이야기할 수 있다. 어른들의 지시나 규칙이 부당하다고 느낄 경우 그것을 분석하고 의문을 제기한다. 이러한 지적은 어른들을 당황하게 하고 불쾌하게 만들기 쉽다. (특히 영재 성인의 경우 직장 상사와의 관계에 좋지 않은 영향을 줄 여지가 크다) 부모들의 입장에서는 영재아에게 "어른이 말씀하시면 함부로 말대꾸하면 안 된단다"를 가르쳐주고 싶었을 것이나 이는 지능이 높은 영재들에게 통하지 않는다. 하지만 이러한 도전은 권위에 대한 도전이기보다는 자신의 지적 욕구를 충족시키기 위한 도전으로 보는 것이 좋다. (유대인 부모들은 오히려, '권위'에 의문을 품고 질문할 줄 아는 아이를 만들기 위해 부단히 노력하는데, 한국의 부모들은 이미 그러한 우수성을 가지고 태어나는 영재아의 행동을 '수정'의 대상으로만 바라보는 경향이 있다) 현명한 부모라면 아이를 충분히 이해시켜 지적 도전을 극복할 수 있을 것이다.

영재의 발달한 확산적 사고와 뛰어난 창의성 역시 학교와 직장에서 갈등의 원인이 되기도 한다. 모든 조직에는 나름의 형식과 규칙이 존재하는데, 확산적 사고가 발달한 창의적 영재들은 기존 권위나 전통에 대해 별로 우호적이지 못할 가능성이 크며, 이들이 내놓는 발상은 사회적으로 용인되거나 용서되기 어려운 것들이 많다.

영재들 중에는 자신들이 창의적이고 혁신적이어야 한다고 생각하여 일상의 사소한 활동조차도 괴상하고 유별난 방법으로 시도해 보려는 이들이 많다. 그 방법이 다른 사람들이 보기에 우아하고 정상적으로 보이는가 하는 것은 별로 문제가 안 된다. 영재들이 새롭고 혁신적인 방법을 시도하는 이유는, 단지 그들의 우수한 지능이 이러한 행동을 요구해 오기 때문이다.

아이가 어른의 지시를 따지지 않고, 조직의 규칙에 대해 반항적인 태도를 보인다면 부모 입장에서는 걱정이 되는 것이 사실이다. 이러한 태도는 기본적으로 원활한 사회생활을 저해할 수 있기 때문이다.

이 때 아이의 '동기'를 살펴볼 필요가 있다. 단순한 '반항심'이나 '게으름'으로 인해 비롯된 행동인지, '우수한 지적 판단'의 결과로 나타난 행동인지 구분하는 것이다.

후자에 해당한다면 아이의 원활한 사회생활을 위한 훈육도 필요하지만, 아이의 이러한 행동을 무조건 잘못된 것으로만 판단하지는 말자.

생각해보면, 한 분야를 개척하고 이 세상을 바꾸어 놓는 사람들은 대부분 무난한 인성과 거리가 멀었다. 상식에 의문을 제기할 줄 아는 능력은 사실 '천재'의 개념과도 매우 밀접해 있다.

아이가 남다른 지성과 창조성을 타고났다고 본다면, 이러한 아이의 태도가 나쁘게 만은 보이진 않을 것이다. 우리는 아이들의 사고 자체를 비난하기보다는 겉으로 표출되는 행동을 교정해 줄 수 있을 뿐이다. 남다른 지성을 타고난 게 잘못은 아니다. 단지, 그 우수한 지성이 부작용을 최소화하고 타인과 아이 본인의 행복을 해하지 않는 방향으로 표출될 수 있게 지도할 뿐이다.

지나치게 많은 생각

영재들은 현실 속에서 마주하는 일상의 문제 앞에서도 조금이라도 공백의 여지가 생길 때 자기 생각 속으로 빨려 들어간다. 자신의 몽상과 현실을 서로 섞기도 한다. 공상에 빠진 아이는 외부에서 볼 때 멍하고 게을러 보이지만, 이는 높은 지능의 신호일 수 있다. 영재아는 다른 아이들보다 습득한 지식의 양이 많고, 새로운 개념도 빠르게 습득할 수 있기 때문에, 수업 시간에 또래들을 기다려야 하는 일이 자주 발생할 수 있다. 특히, 자신이 흥미를 느끼지 않는 교과목에 대해서는 전혀 집중하지 않을 수도 있다. 이러한 영재가 지루함을 피하는 가장 손쉬운 방법은 자신만의 세계에 몰두하는 것이다. 상상력이 뛰어난 영재들의 경우 상상 속의 친구와 대화를 나눌 수도 있다. (성인이 된 영재들도 일상에서 백일몽을 꿀 수 있다)

외부의 모든 정보와 자극들은 자신의 세계관을 중심으로 재구성되며 복잡한 형태의 트리를 형성하게 된다. 물론, 홀로 공상에 빠지는 것은 아이의 상상력과 창의성 향상에 도움이 될 수도 있지만, 지나치게 많은 생각은 영재를 온전한 일상생활과 멀어지게 만들 수도 있다. 자신이 중요시하거나 몰입하는 주제에 대해서는 생각이 쉬지 않고 돌아가는 반면, 별로 중요하지 않다고 생각하는 문제들에 대해서는 지각없이 행동하기도 하며 경솔한 결정을 내리기도 한다. 심지어 주제에 벗어난 엉뚱한 대답을 하는 경우도 있으며, 다른 생각을 하다가 자신이 내려야 할 정거장을 지나쳐 버리기도 한다. 그 때문에 이러한 영재아를 바라보는 또래들과 어른들은 영재아를 '바보'라고 오해할 수밖에 없을 것이다. 머릿속으로는 얼마나 대단한 생각을 할지는 몰라도 당장 눈에 보이는 기초적이고 일상적인 것들에 대해서는 너무나 허술한 모습을 보이기 때문이다.

"네가 영재라면, 어떻게 이런 간단한 것도 못할 수 있니?"

하지만 영재아가 바보같은 모습을 보이는 것은 그들의 '상상력 과흥분성' 때문이며 생각이 너무 특정 대상에 집중되어 있기 때문이기도 하다. 몰입을 특성으로 하는 영재들은 자신이 집중하고 있는 것 외에는 주변을 지각하는 능력이 떨어질 수도 있다. 이들은 자기 관심 분야에만 집중할 뿐 보통사람들이 관심을 가져야 한다고 생각하는 것들에 대해서는 소홀히 여기는 경향이 있다.

또한 지나치게 많은 생각은 자기표현의 문제로 나타나기도 한다. 자기 생각을 표현하고 싶은데 표현하고 싶은 것들이 머릿속에 동시다발적으로 떠오르게 되면, 말하고 싶은 것을 간결하고 명확하게 표현하지 못할 수 있다. 직관적인 생각들이 서로 뒤엉켜 있거나 추상적으로 이미지화된 내면을 외부 세계에 적절히 표현하고 전달하는 것은 매우 어려운 일에 해당한다. 지적 잠재력은 높지만, 아직 인생의 경험과 지식이 부족하기 때문에 자신의 내면을 사회적으로 소통하기에 무리가 없는 방식으로서 풀어내기란 쉽지 않을 것이다.

우리는 보통 말을 조리 있게 잘하는 사람이 똑똑하다고 생각하며, 당연히 말을 못 하는 사람보다야 잘하는 사람이 영재일 것이라고 생각하기 쉽다. 물론 영재들은 언어적 능력이 탁월한 경우가 많아 자신의 주장을 비교적 논리적이고 설득력 있게 전달할 수 있다. 하지만

아는 것이 많고 대단히 창의적인 영재들 중에는 이상할 정도로 말을 잘 못하는 경우도 있는데, 이는 이들의 사고가 너무 앞서가고 있기 때문이다. 단순한 패턴의 사고를 하는 사람은 그 생각을 언어로 표현하는데 별문제가 없지만, 충동적으로 복잡한 패턴의 사고를 할 줄 아는 존재들은 자기 생각을 간략하게 정리하여 표현하기가 어려울 수 있다.

공상 속에서 짧은 시간 동안 많은 것들을 생각해낼 수 있는 능력은 창의성과 관련된다. 일반인들은 도저히 떠올리지 못하는 것들을 발견해내고 이것을 외부의 현실과 결합시키는 과정을 통해 매우 엉뚱한 결과물들을 만들어내는 것이다. 물론 무조건 남다르고 독특하다고 해서 창의성이 좋다고 단정할 수는 없다. 하지만 점차 지식과 정보를 학습하고 이를 실용적인 측면에 적용시킬 수 있게 되면 '정교성'이라는 요건을 충족하게 된다. 이들의 엉뚱하고 서투른 모습이 나중에는 위대한 '독창성'으로 발현될 수 있다.

비범하지만 상식적이지 못함

영재들은 보통 사람들이 그대로 믿고 따르는 '상식'이라는 것을 있는 그대로 수용하는 재능이 부족하다. 비슷한 사고방식에 비슷한 법칙을 따르는 또래들은 서로 의사소통하고 공감대를 형성하는 데 큰 무리가 없다. 하지만 영재들은 '상식'을 수용하기 이전에 분석하는 데서 문제가 발생한다. '상식'을 분석하면 종종 그 '상식'이 진실을 간과하거나 놓치는 부분을 발견하게 되며 여기에 자기 자신만의 생각을 가감하여 타인들과 전혀 다른 결론에 도달하는 것이다. 하지만, 그러한 판단 과정을 거친 결론은 보통 사람들 사이에서 통용되는 상식과 다른 경우가 많다. 그 때문에 교사나 부모의 간단한 지시 사항도 남들과 다른 방식으로 해석하여, 지시자가 전혀 의도하지 않은 행동을 취하기도 한다.

교사가 칠판에 '2', '5', '8', '9', '10'이라는 5가지 숫자를 써놓았다. 교사는 이제 막 산수를 배우기 시작한 아이들에게 "2로 나누어지는 숫자가 몇 개지요?"라고 질문했다. 그러자 아이들은 "3가지요!"라고 대답했다. 하지만 어떤 아이는 "모두 다요!"라고 대답했다. 다른 아이들이 그 아이를 보고 소리 내어 웃었다. '5'나 '9'는 2로 나눌 수 없다는 것이 아이들 사이에선 당연했기 때문이다. 교사 역시 당황했다. 왜냐하면 아직 소수의 개념을 가르친 적이 없기 때문이다. 하지만 '모두 다요'라고 말한 아이는 이미 소수의 개념을 터득하고 있었던 것이다.

위에서는 쉬운 예시를 들었지만, 아이는 점차 성장해갈수록 지식과 경험이 풍부해지며, 더욱 고차원적인 측면들을 통찰해낼 수 있을 것이다. 하지만 다른 사람이 인지하지 못하는 것을 볼 줄 안다는 것이 때로는 어려움을 자초하는 일이 되기도 한다. 남들은 이해할 수 없는 추상적이고 심오한 수준의 생각을 할 수 있지만 이러한 생각은 현실에서 소통되기 어려운 것들이 많기 때문에 친구들과 오해를 빚기도 하며, 한참 시간이 지나고 나서야 자신의 사고방식이 남들과 조금 달랐음을 깨닫게 된다. 이처럼 보통의 사람들에게는 당연한 것들을 다른 방식으로 이해하게 되면 무난한 사회생활을 영위하기 어렵게 된다. 이 점은 영재를 공감 능력이 부족하고 사회적 신호에 둔감한 것처럼 보이게 만드는 경향이 있다. 이러한 점들을 고려해 볼 때 다른 사람과 쉽게 소통하지 못하는 사람들을 꼭 인격적 문제나 공감 능력의 부재 차원으로 몰아 비판할 수는 없을 것 같다. 우수한 인지능력과 통찰력도 소통의 장벽으로 작용할 수 있기 때문이다. 보통 사람들은 사물을 엉뚱한 방식으로 인지하는 영재를 이해하기 어렵고, 영재도 허점투성이인 다른 사람들의 사고방식을 이해하기 어려울 것이다. 수학처럼 증명이 용이한 것들이라면 타인을 설득하고 공감을 얻는 데 문제가 없겠지만 우리가 삶 속에서 마주할 수많은 문제는 수학 문제처럼 딱 떨어지는 증명의 과정을 통해 남을 설득시킬 수 있는 것들만 있는 것이 아니다.

처음부터 남다른 기질을 타고난 영재들은 스스로가 잘못된 존재인 것처럼 느낄 수 있다. 상처에 민감한 영재아는 다른 사람들의 언행을 보고 따라 하며 자신의 영재성을 고의로 숨기기도 한다. '정상'이라는 사람들과 조화를 이루기 위해 자신을 그들에게 맞추는 것이다.

특히, 확산적 사고가 발달한 창의형 영재일수록 한국에서 따가운 시선을 받기 쉽고 상당히 억압된 삶을 살 가능성이 높다. 이들은 직업적으로든 취미로든 창의적 에너지를 적절히 발산해야만 한다.

불안과 완벽주의 성향

높은 지능과 불안은 항상 같이 따라다닌다.

지능이 높다는 것은 불안과 친구를 맺은 것과 같다. 인간 이외의 지능이 낮은 하등 생물들은 즉각적으로 느껴지는 자극에만 반응하여 생존율을 높이는 방식을 취한다. 예를 들어 눈앞에 천적이 나타나거나, 신체에 영양분이 부족하여 생존에 위협을 느끼는 등 위협의 요소가 직접적으로 감지될 때만 반응할 뿐이다. 개구리는 따뜻해지는 가마솥 안에서 5분 뒤의 운명을 제대로 인지하지 못한다. 하지만 인간은 지능이 가장 우수한 만물의 영장이다. 그 때문에 현재 지각되는 정보뿐만 아니라 미래에 예상되는 위협 요소까지 감지하게 되며 자연스레 '불안'이라는 감정을 체험하게 된다. 이처럼 지능이 높다는 것은 현재 상황뿐 아니라 미래에서 나타날 수 있는 모든 위험 요소에 대해 민감하게 반응할 수밖에 없음을 의미한다. 그리고 만물의 영장인 인간 중에서도 지능과 감각이 유별나게 발달한 존재들이 바로 '영재'들이다. 보통 사람들은 대수롭지 않게 넘어갈 수 있는 사소한 요인들도 영재들에게는 심각한 위협 요소로 감지될 수 있다.

인간의 뇌에는 '내측 전전두 피질'이라는 곳이 있는데, 위협을 인식하는 기능을 하는 곳이다. 이곳이 활성화된 사람일수록 불안과 공포를 쉽게 느끼며 정보 처리에 중요한 기능을 담당하는 편도체 역시 민감하게 반응하는 경향이 있다.

영재들이 지닌 특유의 통찰력은 그러한 위험 요소들을 발굴하고 그것을 재료 삼아 불안을 계속 재생산해낸다. 당연히 일상에서 누릴 수 있는 작은 기쁨들을 놓치기 쉽다. 모든 것을 이성적으로 분석할 뿐 눈앞에 펼쳐진 현재를 자연스럽게 만끽하고 체험하는 것이 어렵게 된다.

이들의 불안은 강한 자의식과 맞물려 완벽주의의 형태로 나타나기도 한다.

통찰력이 뛰어나다는 것은 어떤 대상을 해체하고 분석하는 능력이 비범함을 의미하지만, 이것이 자기 자신의 약점까지 불필요하게 분석하게 만든다는 점에서 정서적 안정을 해칠 수 있다. (지능이 매우 높은 존재는 스스로의 지능도 의심하기 마련이다) 이러한 영재의 민감성은 완벽주의 성향을 만들어낸다. 어떤 영재들은 자아를 부풀려 자신이 마치 세상에 곧 모습을 드러낼 잠룡(潛龍)인 것처럼 행세하고 다니지만, 그 거만함은 자신의 재능에 대한 불안과 의심을 숨기기 위한 방어 기제에 불과할 뿐이다. 과한 자신감은 두려움의 또 다른 표현이다. 자신의 능력과 자질에 대해 자신이 넘치는 모습을 보이면서도 끊임없이 의심하고 불안해한다. 이것은 일종의 완벽주의 성향이며, 자신에 대한 타인들의 평가에 굉장히 민감한 상태가 된다. 예를 들어 부모나 교사로부터 수학적 재능을 계속 칭찬받아온 것이 익숙해진 영재아의 경우, 자신의 실력이 부모님이나 선생님의 기대에 미치지 못하는 상황에 대해 극도의 두려움을 가질 수 있다. 결과적으로 영재아는 자신이 손쉽게 풀 수 있는 수학 문제만을 풀려고 하며, 자신의 영재성이 부인 될 소지가 있는 것들을 자꾸 회피하려는 모습을 보이게 된다. 자신의 레벨을 뛰어넘는 과제에 과감하게 도전하기보다는 자신이 인정받고 편안함을 느낄 수 있는 현재의 영역에만 자꾸 머물려고 하는 것이다. 어려운 과제에 도전했다가 부모님이 기대한 수준의 성과가 나오지 못하게 되면 자신의 모든 것이 부정당하는 것이라는 극단적인 생각을 하기 쉽다.

예민한 감각과 과흥분성

영재들은 민감한 감각과 감수성을 가지고 있다. 보통의 어린아이들도 순수하고 높은 감수성을 지닌 경우가 많지만, 이들은 더욱 극단적인 모습을 보일 수 있다. 주변에서 들리는 작은 소음, 전등의 깜빡임도 이들에게는 매우 강한 자극으로 받아들여질 수 있다. 특정한 냄새, 맛에도 강렬한 반응을 보이기도 한다. 그 때문에 특정한 음식을 좋아하면 그 음식만 먹으려고 하고 싫어하는 맛을 주는 음식은 절대 먹지 않으려 한다. (편식의 원인이 될 수도 있다) 이러한 예민한 감각을 지닌 영재들은 자신을 피곤하게 만드는 환경을 피하려는 모습을 보이지만 경우에 따라 이를 재능으로 삼아 음악, 글쓰기, 예술 분야에 활용하기도 한다. 예를 들어 소리에 매우 민감한 감각을 지닌 사람이 음악 분야에서 활동한다면 모차르트와 같은 절대 음감을 가질 가능성이 높다.

정서적 과흥분성을 지닌 영재들은 다른 사람의 불우한 처지나 슬픈 장면에 대해 매우 격앙된 반응을 보일 수 있으며, 다른 사람의 고통이 마치 자신의 것처럼 체험될 수도 있다. 이런 영재아들은 메뚜기나 도마뱀 등 미물들이 상처를 입거나 죽게 되면 슬픔에 빠지기도 하며, 어머니께서 해주신 생선 요리를 보고 물고기가 가엾다는 느낌을 강렬하게 받아 눈시울이 붉어지기도 한다. 왜 인간은 다른 동물들의 생명을 빼앗아가며 살 수밖에 없는지에 대해 깊은 고뇌에 잠기기도 한다. 심지어 생명체가 아닌 특정한 장소, 물건에 대해서도 과한 감정이입을 하고 격양된 반응을 보일 수 있다. 예를 들어 연필이나 지우개를 잃어버릴 경우 보통의 아이라면 그냥 잠깐 짜증을 내고 넘어갈 것이다.

하지만 특정한 물건에 대해 과도한 감정이입을 하는 영재들은 지우개를 잃어버리고 눈시울이 붉어지는 경우가 있다. 왜냐하면 이들에게 지우개는 단순한 사물 이상의 의미가 있기 때문이다. 이들은 사소한 물건에도 특별한 가치와 인격을 부여하며, 우수한 상상력을 가질 경우 사물과 대화를 시도하기도 한다.

이들의 높은 지능과 직관적 추론 능력 역시 주변의 사소한 자극에 대서해 미묘한 감정의 변화가 일어나게 만든다. 그 예민함은 타인뿐만 아니라 자신 스스로에게도 적용되며, 자신에 대한 사소한 이야기나 평가에 대해 필요 이상으로 상처를 받기 쉽게 된다. 이에 따른 영재들의 가장 흔한 행동은 사람들을 멀리하는 것이다. 사람들 사이에서 상처를 받지 않기 위해 사람들과 고의로 일정한 거리를 유지하려는 성향을 보이는 것이다. 고통을 초래할 수 있는 감정을 마비시키고 모든 것을 이성적으로만 판단하는 이것은 감정적 마취행위와도 같다.

이렇게 하면 더 이상 세상으로부터 슬픔과 고통을 전달받지 않아도 되며, 타인에 의한 상처에도 둔감해질 수 있다. 물론 이는 영재들의 사회적 관계에 좋지 않은 영향을 미친다. 이러한 영재들은 감정이 메말라 있으며, 냉정하고 주변 사람들에게 관심이라곤 전혀 없는 사람처럼 비치게 될 것이다. 하지만 이들의 내면은 오히려 따뜻한 관심을 바라고 있는 경우가 많다. 외부의 대상과 거리를 유지하는 것은 자신의 정서적 안정과 평안을 위해 발동시킨 자구책에 불과할 뿐이다. 사람들과 대화도 거의 하지 않고 과묵한 듯 보이지만 주변 사람들에게 연민을 느끼거나 헤어진 사람들에게 강렬한 그리움을 느끼고 있을지도 모른다. 다만 사람들에게 그러한 감정을 표출하지 못하고 자신도 감당하기 어렵기 때문에 거리를 두고 있을 뿐이다.

강한 자의식과 고독

여기서 말하는 '고독'은 보통 아이들이 겪는 '외로움'과는 다소 차이가 있다. 외로움이란 친구들과 사교적 거리가 멀어져 홀로 남았을 때 느껴지는 감정이다. 반면 '고독'은 사교적 거리와 상관없이 정신적으로 다른 사람들과 '괴리' 느끼는 감정이다. '외로운 아이'는 다른 아이들과 함께 지내는 과정에서 곧, 정서적 안정감을 되찾을 수 있다. 반면 '고독한 아이'는 다른 아이들과 함께 있는 순간에도 홀로 존재하는 것과 같은 경험하게 된다. 정신적 측면에서 보통 사람들과 공유될 수 없는 고유성을 지니기 때문이라고 보면 정확할 것이다. 남다른 정신적 측면을 갖는다는 것은 남들이 지각하지 못하는 세계를 볼 수 있다는 것을 말하고 그 자체로 보통 사람들 사이에서 '고독'한 존재가 되는 것이다. 그래서 '군중 속의 고독'이라는 표현을 쓴다.

이들의 높은 지적 수준과 남다른 관심사가 학교에서 원활한 교우 관계를 방해하기도 한다. 보통의 친구들과 공감대를 형성하기 위해서는 연예인이나 게임 등에 관심을 가져야 하는데, 이런 것들은 고도 영재들에게 큰 흥미를 주지 못하는 경우가 많다. 이들은 거시적이거나 철학적인 문제에 시달릴 수도 있고 수학이나 과학 등 어렵고 체계적인 학문에 몰입해 있을 수도 있다. 또한 다소 평범한 주제에 몰입해 있더라도 그 하나의 주제로만 대화를 시도하는 경향이 있기 때문에 또래들이 주변에 남아있지 못하고 떠나는 경우가 있다.

이러한 영재의 모습은 다른 아이들과 정신적 교류를 하고 사교적 활동을 하는데 큰 장벽을 형성할 것이다. 또한 영재들이 사용하는 단어는 또래들이 이해하기에는 다소 어렵고 추상적인 경우가 많기 때문에 이점 역시 또래와의 소통에 장벽이 될 수 있다. 심한 경우 또래들은 영재 친구가 잘난체하며 자신들을 무시한다고 여겨 불쾌감을 느낄 수 있다.

강한 자아가 인간관계에 부정적 영향을 미치기도 한다.

자아가 강한 영재들은 자기 자신에 대한 이야기라면 사소한 말 한마디도 정말 다양한 접근법으로 분석한다. 일상에서 흔히 겪을 수 있는 일도 어떻게든 자신의 정체성과 연결시키려는 경향이 있다. 이 정도면 소심한 성격 탓인지 높은 통찰력과 과민성 때문인지 헷갈릴 지경이다. 영재들은 자신이 무시당했다며 분노에 차 씩씩거리고 있지만, 분노를 제공한 상대는 자신이 도대체 무슨 잘못을 했는지 인지하지도 못하고 있으며, 사실 별다른 생각 없이 한 말인 경우가 더 많다. 하지만 영재의 강한 자의식과 비범한 상상력은 사회적 신호를 너무 자기 멋대로 받아들이고 자기가 상처받는 쪽으로 해석하게 만든다.

이처럼 자의식이 강한 영재들은 타인의 사소한 언행에도 상처를 받기 쉬우며 내면을 공유할 수 있는 소수의 사람에게만 마음의 문을 열고 깊은 관계를 지향하는 경향이 있다. 덧붙여 상처의 경험이 있는 영재들은 자기 과시적인 행동을 보일 수 있다.

타인과의 관계에서 불안을 느끼고 에고의 우월성이 충족되지 못하기 때문에 자신이 가진 남보다 우수한 부분을 부자연스러운 방법으로 계속 표출하려 하거나 타인의 재능에 대해 폄하하는 오만한 태도를 보이는 것이다. 반대로 누군가 자신의 목표와 재능에 대해 폄하하면 매우 공격적이고 신경질적인 반응을 보일 수 있다. 하지만 자기과시는 대부분 내면의 불안과 결핍감에서 오는 경우가 많으므로 이들이 이러한 행동을 보일 경우 오만한 사람으로만 몰아가지는 말자.

제5장
영재아의 특성을 고려한 양육 원칙

앞에서 살펴본 바와 같이 부모는 영재의 인지적 특성 외에 존재론적 고민, 관계에서 발생하는 어려움, 완벽주의 성향, 과제 선택의 자율성과 몰입의 특성들에 대해 더욱 관심을 가질 필요가 있다. 부모가 영재아 특유의 행동적 특성과 정서를 이해할 수 있다면 아이에 대한 불필요한 오해와 이로 인한 감정 소모를 조기에 방지할 수 있을 것이다.

영재성은 타고나는 것이지만, 꽃피우는 것은 별개의 문제다

아무리 비옥한 땅이라도 경작하지 않은 채로 방치하면
무성한 잡초로 덮이게 될 것이다.
_레오나르도 다빈치

'영재'는 그 자체로 우수함을 의미하기 때문에 항상 부러움의 대상이 된다. 하지만 실제로 타고난 재능이 우수한 존재라고 해도 적절한 지도와 양육 없이는 성공적인 결과를 기대할 수 없다. 아이의 양육을 농사에 빗대어 표현하자면, 타고난 영재성은 그 자체로 우수한 종자에 비유할 수 있다. 우수한 종자는 보통의 종자와 달리 고품질의 열매를 맺을 가능성이 높지만 역시 수분과 햇빛, 온도 등 적절한 환경적 요건이 갖추어져야만 한다. 아무리 우수한 종자라 해도 환경적 여건이 발아와 생장에 유리하지 못하다면 결국 열매를 맺지 못하는 것과 같은 이치다.

오히려 영재는 지능적으로나 정서적으로 보통 아이와 다르기 때문에 교육의 방식과 지도에 있어 더 많은 고민과 인내가 필요할 수 있다. 이들의 독특한 사고방식과 행동 패턴은 친구들 사이에서 괴리감을 형성할 수 있으며 어른들까지 놀라게 하고 당황스럽게 만들 수 있기 때문이다. 여기서 중요한 부모의 역할은 아이의 잠재력을 발굴하고 이끌어주는 데서 더 나아가 아이가 이 세상에 적응할 수 있도록 지도하는 것이다. 영재는 지적인 측면에서 뛰어난 존재이지만 정서적 측면에서는 예민하고 불안정할 수 있다는 것을 알아야 한다. 영재들이 영재성의 꽃을 피우기 위해서는 인지적 측면의 발달 못지않게 정서적 측면에서의 교육이 중요하다. 어릴 때 나름 비범한 능력을 보였던 영재들도 안정적인 정서적 기반과 사랑이 결핍될 경우 점차 사회에 부적응하면서 능력이 사장되는 경우가 많다. 영재아의 천재성이 개발되지 못하고 사장되는 것은 영재 개인은 물론 사회 전체를 두고 봐도 큰 손해가 아닐 수 없다. 단지 남과 다르다는 이유로, 독특하다는 이유로 아이가 상처를 받아서는 안 될 것이다.

양육에 있어 주의할 영재아의 특성들

양육에 있어 주의할 영재아의 특성들을 다시 7가지로 나누어 정리해 본다.

과흥분성

영재아는 조그만 자극에 대해서도 과잉된 반응을 보여 주변을 당황스럽게 할 수 있다. 아이의 감정을 이해하고 공감해주되 감정의 표현이나 행동의 반경에는 적정한 선이 있다는 것을 가르쳐야 한다. 표현 자체를 억압하기보다는, 되도록 예술적으로 우회하여 표현할 수 있도록 지도하자.

우수한 기억능력과 추론능력-

영재아는 보통 아이들보다 많은 정보를 정확하게 기억하며, 사물의 원리에 대해 추론하는 능력이 우수하다. 이에 따라 사물의 모순점을 쉽게 파악해 낼 수 있다. 아이가 어떠한 대상에 호기심을 갖는다면, 이를 귀찮게 여기지 말고 아이의 지적 욕구를 충족시켜주자. 또한 아이가 지시를 잘 따르지 않고 토를 단다면, 이것은 부모의 행동이나 지시에서 모순점을 찾아낸 것일 수 있으므로, 아이를 너무 감정적으로만 나무라지 말고 대화를 통한 설득을 시도하자.

강한 자의식

일상의 모든 것을 자신의 자아와 정체성에 연결 짓지 않도록 하자. 다른 사람의 거절이나 비판 등에 대해 너무 심각하게 생각하지 않도록 지도하자. 물론, 원활한 사회생활을 위한 사교적 기술들을 가르쳐주는 것도 잊지 말아야 한다.

완벽주의 성향

작은 실패의 경험을 축적하게 하여, 실패에 대한 두려움을 완화시키자. 아이의 재능이나 결과보다는 아이의 노력과 도전을 칭찬하자. 부모가 자신을 사랑하는 이유가 재능에 있다기보다는 자신 그 자체에 있다고 느낄 수 있도록 하자.

편벽과 고집

영재아의 경우 자신만의 기준이 뚜렷하고 고집이 세기 때문에 양육과 지도에 있어 주도권을 놓고 충돌이 잦을 수 있다. 부모가 옳은 방향으로 지도하려 해도 쉽지 않을 것이며, 아이는 짜증만 낼 것이다. 원칙도 좋지만 때로는 아이와 타협도 해야 한다. 사물을 바라보는 방식은 서로 다를 수 있다. 부모의 생각을 절대적인 것으로 전제하고 강요하지는 말자.

존재론적 고민

아이의 고민에 대해 진지하게 반응해주고 아이가 생각하는 바를 정확하게 표현할 수 있도록 유도하자. 일상의 태도를 지적하면서 아이를 무시하는 듯한 발언은 절대 하지 말아야 한다.

몰입특성

아이가 어느 대상에 몰입할 수 있도록 허용해주되, 일상생활에 필수적인 것들을 간과하지 않도록 지도하자.

영재성을 합리화의 도구로 사용하지는 말자

아이의 영재성에 대해 확신을 갖는 부모들은 아이의 부자연스러운 행동을 충분히 이해해 줄 수 있다. 공감도 해줄 수 있다. 하지만 아이의 영재성을 빌미로 여러 가지 문제 행동에 면죄부를 주어서는 안 된다. "우리 아이가 너무 창의적이라서 그래요, 그러니 이해해주세요."

"우리 아이가 영재라서 좀 자기중심적이랍니다."

영재가 스스로 타고난 재능을 펼치고 행복을 얻는 것은 매우 중요한 문제다. 하지만 그렇다고 타인에게 피해와 상처를 줄 권리는 없다. 자신의 재능이 우수하다고 해서 타인의 재능을 폄하하거나 약점을 공개적으로 분석해서도 안 된다. 아이의 인간관계에서 나타나는 여러 가지 문제적 행동들을 영재라는 이유로 감싸고 넘어가게 되면, 아이는 너무 제멋대로이고, 자신의 행동이 타인에게 어떠한 영향을 미칠 수 있는지에 대해 점차 무감각해진다.

모든 영재들이 인간관계에서 어려움을 겪는 것은 아니지만 남다른 기질이 좀 강한 영재들은 인간관계에서 어려움을 겪을 수 있다. 보편적인 기준에서 보자면 이들은 원활한 사회생활을 위한 미덕이 부족해 보일 수 있다. 하지만 높은 지능과 타인에 대한 배려는 충분히 공존할 수 있다. 높은 지능을 타고났다는 것이 미덕을 갖추지 않아도 된다는 근거가 될 수는 없다. 오히려 미덕을 갖추고 타인을 배려할 줄 아는 영재가 자신의 재능을 제대로 펼치게 된다.

너무 높은 성과를 강요하지 마라

대개의 부모들은 자녀가 어린 나이에 최대한 많은 것들을 성취할 것을 기대한다. 특히, 아이가 영재라면 초등학생인 아이에게 중고생 수준의 수학 실력을 기대할 수 있고, 유창한 영어 실력을 기대할 수도 있다. 이러한 기대는 어린 시절의 앞선 성취가 성인기의 성취로 연결된다는 믿음이 기반에 깔려 있다. 하지만 각종 대회 수상, 메달 획득, 명문대 입학 등 외부로 보여지는 스펙이 꼭 영재교육의 성공을 증명해 주는 것은 아니다. 일례로, 사회에서 영재로 인정받는 카이스트 학생들은 왜 높은 자살률을 보일까? 누가 봐도 성공적인 인생이 아닌가? 이에 대해 학점에 따른 징벌적 등록금 제도 등 과도한 경쟁과 학업 스트레스를 견디지 못한 결과라는 지적이 많다. 떨어진 성적을 비관해 극단적인 선택을 하는 학생들도 많지만, 정년 심사에 압박을 느끼는 교수들도 잇따른 자살을 한다. 그만큼 한국의 교육은 지적 능력 향상에만 집중되어있으며, 아이들의 정서적 안정과 행복에 대해서는 소홀히 여긴다.

항상 1등이 될 것을 강요받으며 자라는 아이들은 자신의 가치를 '등수'에서 찾으려 한다. 자신의 정체성을 '1등'에 두었기 때문에 '1등'이 되지 못하는 순간이 오면 자신의 존재가 너무 무가치하게 느껴지는 것이다. 자신의 자존감과 정체성의 기반이 외부에 형성되어 있으면 자존감도 불안정하다고 할 수 있다. 외부의 평가에 따라 자존감의 위치가 결정되기 때문이다. 이 아이들은 어른이 되어서도 여전히 자존감이 불안정하며, 스트레스에 취약하다. 좋은 성과를 내지 못할 경우 자기 자신의 존재에 대해 지나치게 부정적인 평가를 하게 된다. 영재들은 스스로에 대해 너무나 높은 기준을 설정하는 경향이 있기 때문에 자존감 형성 문제에 각별히 주의해야 한다.

가장 중요한 것은 아이의 행복

영재아는 보통 아이들보다 지능이 발달한 것은 맞지만 지나치게 인지적 차원의 교육에만 치중하는 것은 아이를 행복과 멀어지게 만들 수 있음을 알아야 한다. 정서적으로 안정과 균형을 얻지 못한다면 아무리 영리하고 공부를 잘한다 해도 무슨 소용이 있겠는가? 오히려 정서적 측면의 문제를 해결하지 못한 영재들이 성장 과정에서 점차 그 천재성을 잃게 되는 경우가 많다. 영재아는 여느 아이들처럼 부모로부터 따뜻한 사랑과 관심을 받길 원한다. 하지만 부모가 아이의 재능계발에만 관심을 갖는다면, 아이는 부모가 자기 자신보다는 자신의 재능을 사랑한다고 믿게 된다. 이런 아이일수록 부모님을 실망하게 하지 않기 위해 더욱더 높은 학업성취를 내는데 집착할 수밖에 없다. 자신의 학업성적이 낮아진다면 예전과 같은 사랑과 관심을 받을 수 없기 때문이다. 부모는 아이에게 '사랑'이라는 확신을 주어야 한다. 재능이나 성과에 관련 없이 항상 너를 사랑한다는 확신 말이다. 그래야만 아이는 정서적 안정을 되찾고 어려운 과제에 자발적으로 도전할 수 있다.

부모가 높은 목표를 임의로 설정하고 아이에게 강요할 경우 완벽주의 성향이 강한 영재아는 성취감을 위한 공부보다는 주변 사람을 실망시키지 않기 위한 공부를 하게 된다. 행복한 영재가 자신의 재능을 세상에 남김없이 펼칠 수 있다.

휴식도 허용할 줄 알아야 한다.

아이가 수학 문제를 푸는데 이미 상당한 시간을 할애했음에도 또다시 영어 단어장을 펼쳐놓고 있다면 아이의 진정한 공부 동기가 무엇인지 살펴볼 필요가 있다. 자신의 지적인 욕구를 충족시키기 위해 자발적인 공부를 하고 있다면 그래도 다행이겠지만, 항상 최고여야 한다는 부담감으로 공부를 지속하고 있는 것이라면 휴식을 취하게 하고 좀 더 여유로운 마음을 가질 수 있도록 지도해야 한다. 이 시간을 활용해 깊은 대화를 시도하고 평소에 아이의 마음에 쌓였던 스트레스와 감정을 솔직히 표현하도록 하는 것도 좋은 방법이다.

아이의 자율성을 존중하라.

아이 스스로가 자신만의 공부 습관을 만들 수 있도록 자율성을 어느 정도 보장해 주어야 한다. 학교에서 배우는 지식은 똑같지만, 그것을 공부하는 아이들의 공부 방법은 각자마다 차이가 있다. 시험이라는 요건에 맞게 효율적으로 공부하는 아이들도 있고, 시험에서의 고득점과는 거리가 멀지만, 교과서에서 호기심을 유발하는 부분에 대단히 깊게 파고들고 탐구하는 아이들도 있다. 물론 학교의 평가 시스템에서는 전자가 높은 성적이 나올 가능성이 높다. 하지만 아이가 영재라면 외부의 지식을 단편적으로 수용하기보다는 그것을 이해하고 탐구하려는 성향을 보일 수 있기 때문에 후자의 방법을 선택할 수도 있다. 하지만 부모는 아이의 공부법이 '시험'이라는 요건에는 부합하지 않는다고 해서 진리를 탐구하려는 아이의 자세를 부정하거나 바꾸려 들면 안 된다. 아이가 관심과 흥미를 느끼는 분야가 있고 선호하는 공부법이 있다면 너무 경쟁만을 의식한 학습 방식을 강요하기보다는 일정한 선에서 아이의 자율성을 보장해 주는 것이 좋다. 진정한 사고력은 교과서에 등장하는 지식을 그대로 흡수하는 과정이 아닌, 의심하고, 탐구하며 다른 대상에 적용하는 과정에서 길러진다.

우리나라 학부모들의 교육열은 세계에서 부동의 1위다. 하지만 자신의 아이가 무조건 경쟁에서 앞서나가야 한다는 강박관념에 사로잡혀, 자신의 아이가 내면에 어떠한 세계를 구축하고 있는지, 어떤 꿈을 꾸고 있는지에 대해서는 관심 밖이다. 하지만 영재 교육의 성공지표는 '등수'나 '학교 간판'이 아니다.

'무조건 1등'이라는 강박적 목표를 가지고 아이의 스케줄을 틀어쥐며 자투리 시간까지 간섭하고 통제하는 부모의 욕심이 아이의 독립성을 억눌러 창의성을 떨어뜨릴 수 있음을 알아두기 바란다.

영재라면 외부의 지식을 그대로 수용하는 것에서 나아가 창의적 지식 생산자로서 자신의 고유성이 곧, 무기가 되어야 한다. 단순히 교과서에 존재하는 지식을 그대로 흡수하고 양적인 차원에서 남을 앞서가는 것이 교육의 전부는 아니다. 설령, 엄청난 노력과 인내를 통해 비현실적인 목표를 달성했다 할지라도 아이는 자존감이 약하고 스트레스에 취약한 사람으로 성장할 가능성이 높다.

영재임을 알리되,
공개적인 자리에서는 신중해야 한다

아이 본인에게는 영재라는 사실을 알려주는 편이 좋다. 아이 본인이 영재임을 알지 못하면 아이는 자기 정체성에 대해 심각한 고민을 하게 될 것이기 때문이다. 영재아는 다른 아이들과 생활하는 과정에서 사고방식과 인지 능력에 차이가 있다는 것을 스스로 알게 되지만, 자력으로 다른 사람들과의 괴리감을 좁히고 정서적 안정을 되찾을 만큼 성숙하지는 못하다. 자신의 독특함을 놀리는 친구나 주변 사람들의 행동을 보고 자기 자신에 대한 부정적인 자아가 형성될 수도 있다. 이때 부모가 할 역할은 아이 본인이 다른 사람들과 어떠한 점이 다른지, 자신의 행동이 의도치 않게 다른 사람들에게 어떠한 영향을 줄 수 있는지 이해시켜 주는 것이다. 자신이 잘못되거나 틀린 것이 아니라, 단지 다르다는 것을 인지시켜주고, 타인과 비슷한 점 역시 많다는 사실을 같이 인지시킴으로써 심리적 괴리감을 좁혀주는 것이 좋다. 또래와 공유할 수 있는 관심사를 찾아보자.

또한 교사, 가정부, 형제자매, 친인척 등 아이에게 직접적인 영향을 줄 수 있는 사람들에게도 아이가 영재임을 밝히는 것이 좋다. 이미 살펴보았듯이 영재는 보통 아이들과 지적인 측면, 정서적 측면에서 전혀 다른 특성을 가지므로 주변 사람들이 아이를 오해하지 않고 다루기 위해서는 알리는 편이 낫다. 예를 들어 아이가 반항적이거나, 너무 한 가지에 빠져들거나, 친구들과 어울리지 않는 행동들을 보일 때 영재에 대해 잘 모르는 사람들은 아이를 좋지 않은 방향으로만 오해할 수도 있을 것이다. 영재아의 특수성을 알게 되면 오해의 소지도 줄어들고, 그에 맞는 지도 및 교육 방법을 적용시킬 수 있을 것이다.

하지만 '영재'라는 단어가 주는 느낌이 매우 강렬하고 특별하기 때문에 선뜻 '우리 아이가 영재입니다'라는 직설적인 표현을 쓰기가 난감할 수 있다. 하지만 중요한 것은 아이가 '영재'라는 사실이며, 보통 아이들과 다른 기준이 적용되어야 한다는 사실이다. 아이가 자신의 고유성에 맞는 교육과 지도를 받고 정서적 안정을 누릴 수 있도록 환경을 조성해 주는 것은 부모의 의무라 할 것이다.

물론 '영재'라는 타이틀은 그 자체로 비범하다는 인상을 주기 때문에 이에 따라 초래될 수 있는 부작용도 있다. 아이에게 '영재'라는 이름표를 공개적으로 붙여주게 되면, 그때부터 아이는 주변의 모든 사람으로부터 그 영재성을 시험받게 될 것이다. 예를 들어 매우 엄하고 높은 수준의 기대치로 자녀의 영재성을 평가하려 할 것이다. (시기와 질투에서 비롯되는 경우가 많다) 당연히 아이는 자신의 능력을 증명해야 한다는 부담감에 억눌리고, 사람들의 평가에 상처를 받을 수 있다. 이 상황에 계속 노출되면 스스로에 대한 안정적인 자아를 형성하지 못하고 다른 사람들의 평가에 의존한 불안정한 자아를 형성하게 된다. 주변의 시선으로부터 자신의 재능을 증명해야 한다는 것에 대해 큰 부담을 갖는 영재들은 두 가지 행동 패턴을 보일 소지가 크다. 하나는 평범한 척하며 자신의 재능을 숨기려 드는 것이고, 다른 하나는 자신의 영재성을 부정당하지 않기 위해 뭐든지 잘해야만 한다는 완벽주의에 빠지는 것이다.

교사가 평범한 아이들 앞에서 영재 자녀의 재능을 칭찬하고 본받을 것을 설교하는 것도 좋은 방법이 아니다. 이는 평범한 다른 아이들로부터 시기와 질투를 유발하여 교우 관계에 좋지 않은 영향을 미칠 수 있기 때문이다. 이는 형제자매간에도 마찬가지다.

아이의 영재성을 주변에 알리는 것도 중요하지만 때와 장소를 가릴 줄 아는 지혜도 필요하다는 것이다. 적절하지 못한 칭찬이나 이름표 붙이기는 아이에게 큰 부담을 줄 수 있다.

아이의 운명을 학교에만 맡기지 마라

부모는 아이를 뱃속에서부터 길러왔으며, 일상생활에서 아이의 모든 것을 지켜볼 수 있다. 그 때문에 다른 사람들 눈에 쉽게 감지되지 않는 아이의 소중한 자질들을 발견해낼 수 있다. 언제 헤어질지 모르는 학급 친구들, 매년 바뀌는 담임선생님이 부모보다 아이에 대해 더 잘 알 수는 없다. 학교에서 보여지는 아이의 모습이 전부가 아니며, 교사가 지도해야 할 아이들은 당신의 자녀 외에도 너무나 많은 것이 사실이다. 또한 학교는 기본적으로 성적표를 기준으로 아이의 재능을 평가하는 경향이 있으며, 성적표에 반영되지 않는 영재성에 대해서는 간과하기 쉽다. 그러므로 아이의 영재성에 관해서는 교사의 의견보다는 부모의 견해와 느낌이 더 정확할 수 있다. 아이가 평범한 또래들과 다르다면 그 사실을 학교(담임 교사)에 알리는 것이 좋다. 이때, 단순히 "우리 아이는 수학을 잘한다". "미술에 소질이 있다" 정도의 언급하는 것은 추천하지 않는다. 아이가 풀어 놓은 수학 문제나 아이가 그려 놓은 그림 등 특별하다는 증거를 직접 보여주고 설명하는 것이 좋다. (영재학급이나 영재교육원 진학을 위해서도 교사에게 아이의 영재성을 적극 어필하고 아이에 대한 관찰을 유도하는 것이 좋다) 그렇지 않으면 미술에 굉장히 소질을 보이는 영재아의 경우 국어 시간이나 수학 시간에 몰래 그림을 그리다 지적을 당할 것이고, 자녀의 영재성에 대해 잘 모르는 교사들은 아이를 그저 생활지도가 필요한 학생으로만 인식하게 될 것이다. 마찬가지로 이미 고학년 과정의 수학 문제를 척척 풀어낼 수 있는 수학 영재의 경우 학교의 수학 시간은 지루하고 따분할 수밖에 없으며, 수업 자체가 시간 낭비일 것이다.

아이의 영재성을 발굴하고 지도할 가장 큰 책임은 부모에게 있다.

영재교육 기관이 아닌 대부분의 일반 학교에서는 영재란 매우 특별한 존재기 때문에 자신의 학급에는 영재가 없다고 생각할 수 있다. 당연히 '영재'로 판별될 수 있는 아이의 여러 가지 징후들을 간과하기가 쉽다.

학교에서 아이에 대해 인지하지 못하고 챙겨주지 못하는 부분들을 부모가 챙겨주어야 하며 자녀의 재능을 끝까지 믿어주어야 한다. 특히, 영재인 자신의 자녀를 보통 아이들에게 통용되는 기준에 가두고 깎아내려서는 안 된다. 학교의 평균 성적이 우수하지 못해도 숨어있을 수 있는 아이의 재능을 발굴해내고, 믿어주고, 격려해 주어야 한다.

이는 정서적인 측면에서도 마찬가지다.

부모는 영재인 자신의 아이가 영재 교육 기관에 진학하면 공식적으로 영재로 인정받은 것이기 때문에 지적 욕구 충족을 비롯한 대부분의 문제가 해결될 것이라고 생각할 수 있다.

하지만 영재 교육 기관이 영재아의 모든 문제를 해결해 줄 수는 없다.

영재아가 겪는 어려움의 원인은 비단 지적인 자극의 부족뿐만 아니라 정서 계발의 부족일 수 있기 때문이다. 하지만 아이의 정서 계발과 긍정적 자아 형성에 관해 관심을 기울이고 있는 영재 교육기관은 많지 않으니, 부모의 역할이 막중하다.

영재아의 지도에는
설득과 인내가 필요하다

영재들은 대부분 고집이 세기 때문에 부모와의 대화가 기 싸움으로 번질 공산이 크다. 영재아가 어떤 사물이나 현상에 대해 사고하는 방식은 부모와 다를 수 있으며 자기 생각에 확신을 갖는 이들은 절대 물러서는 법이 없다. 때문에, 부모가 세상을 인식하는 방식을 아이에게 강제로 주입시켜려 한다면 싸움은 더욱 격렬해지고 서로 감정만 상하게 될 것이다.

이미 앞에서 살펴보았듯이 영재아가 고집을 부리는 이유는 높은 지능과 통찰력이 부모나 교사의 지시를 그대로 수용하지 않고 분석하게 만들기 때문이다. 특히, 고도 지능을 가진 영재들은 고차원적이고 철학적인 문제에 사로잡혀 일상적 사고에 부족함을 보일 수 있기 때문에 더 세심한 배려와 인내가 필요할 것이다.

만약 영재아의 지시 거부 행동이 단순한 반항심이기보다는 고유의 인지적 판단에서 비롯된 행동이라면, 아이가 납득할 수 있는 방향으로 설명해 주어야 한다. 일방적인 지시와 강요는 곤란하다. 아이가 스스로 생각을 정리하고 판단할 수 있도록 배려해야 한다.

평범한 아이들이 쉽게 터득할 수 있는 상식적인 것들이라도 영재들 입장에서는 터득하는 게 어려울 수 있다. 저녁에 다시 펼쳐야 할 이불을 애써 정리하는 것, 이미 다 알고 있는 내용이라도 해당 수업 시간을 이탈하면 안 된다는 것, 타인의 잘못과 모순을 발견해도 이것을 너무 직설적으로 분석하고 지적해서는 안 된다는 것 등 영재아 본인이 이해하기 어려운 것들이 있을 것이다. 하지만 그 부당해 보이는 것들을 적절히 수용하고 대처할 줄 모르면 겪게 될 현실적 부작용들에 대해 이해시켜주어야 한다.

이때 주의할 점은 아이의 문제 행동을 지적하되 그 행동의 원인이 되는 동기는 비난하지 말아야 한다는 것이다. 영재아가 보유한 내면의 고유성은 존중해 주어야 한다. 남보다 탁월한 지능을 가진 것 자체가 잘못된 것은 아니기 때문이다. 단지, 그 탁월한 지성이 현실의 생활 속에 좀 더 세련되고 부작용이 덜한 방식으로 표출될 수 있도록 지도해 줄 수 있을 뿐이다. 영재아들의 지성은 어떤 면에서 어른들보다 우수할 수 있지만 세상이 가진 모순과 인간이라는 존재의 불완전성을 받아들일 수 있을 정도로 성숙하지 못하다는 것을 알아두자.

부모는 자기 생각이 곧 진리라는 전제를 가지고 아이들을 혼내지 말아야 한다. 아이의 감정과 사고가 자신의 것과 다를 수 있음을 인정할 줄 알아야 한다. 아이가 영재라면 어른인 부모보다도 어떤 면에서는 더욱 탁월한 사고와 판단을 할 수도 있다. 아이를 기르는 것은 인내와 헌신이 필요한 과정이지만, 아이가 영재에 해당한다면 더 큰 인내와 헌신이 요구된다고 할 것이다.

부모는 언행 불일치를 조심해야 한다.

영재들은 어른들의 언행 불일치와 그 모순성을 잡아내는 능력이 뛰어나기 때문에 부모는 자신의 언행에 각별히 주의해야 한다. 부모가 자신에게 가르쳐 준 것과 다른 행동을 하고 있다면 아이는 큰 실망을 하면서 지시를 거부할 수 있는 변명거리를 생각하고 있을 것이다. 한번 허점을 들키면 아이를 설득시키고 지도하기가 더욱 어려워질 수 있다.

큰 가이드라인을 활용하라.

영재들은 개성이 뚜렷하고 대상에 대해 판단하는 자기 생각이 강하기 때문에 부모의 간섭을 매우 싫어한다. 이때는 '강요'나 '간섭'보다는 큰 가이드라인을 제시해 주는 편이 아이의 지도에 효율적이다.

필요한 만큼만 규칙을 부여하고 그 안에서 아이의 행동에 자율성을 부여하는 것이다. 큰 가이드라인만 제공해주면 아이는 자신의 개성에 따라 나름 체계적인 양식들을 만들어 낼 것이다. 이때 가이드라인은 일관성이 있어야 한다. 같은 일에 대해 적용하는 기준이 다르게 되면 또 다른 혼란이 초래될 수 있다.

일방적인 지시나 명령보다는 구체적인 선택지를 제시한 후 아이가 자신의 과제를 직접 선택할 수 있도록 배려하는 것도 좋은 방법이다. 아이는 자신에게 가장 합리적이라고 생각하는 선택지를 고를 것이고, 자신이 선택한 것인 만큼 부모의 일방적 강요에 의했을 때보다 더 큰 효과를 볼 수 있을 것이다.

자율과 통제 사이에서

영재들은 앞서 설명했듯이 통찰력이 우수하고 스스로 사물을 판단하려는 경향이 있다. 때문에 이들은 자신을 간섭하는 환경보다는 방치하는 환경을 좋아하는 것처럼 보일 수 있다.

하지만 아이의 마음속에는 부모의 간섭에서 벗어나려는 욕구와 부모의 보호 영역에서 머물고 싶어 하는 마음이 동시에 존재한다. 자율성을 추구하기 위해 부모와 충돌하면서도 자칫 부모의 보호권에서 벗어나지 않을까 두려워하는 것이다. 마찬가지로 영재의 완벽주의 성향은 무모한 도전을 해보고 싶은 지적 욕망과 실패에 대한 두려움 사이에서 이들을 우왕좌왕하게 만들 수 있다.

이것은 정말 어려운 문제다. 정서적 성숙도와 우수한 지적능력이 크게 불일치하는 아이들은 자유를 조금만 막아도 충돌이 생기고 조금만 무관심해도 불안해할 수 있다. 하지만 정서적 성숙도 문제는 나이를 먹고 20세 전후가 되면 해결되니 크게 심려하지 않아도 된다.

아이의 인간관계에도 관심을 기울여라

기다림과 배려의 미덕을 가르쳐줄 필요가 있다

비범한 잠재력을 가진 영재는 다른 사람들보다 앞서간다. 하지만 지나치게 앞서가다 보면 같이 있었던 사람들이 어느새 보이지 않게 된다. 앞서가는 만큼 다른 사람들의 속도에 맞춰줄 수 있는 배려도 가끔은 필요하다. 친구들을 비롯한 이 세상 사람들은 저마다 각기 다른 가치관과 관심사를 가지며, 나름의 역할이 존재한다는 것을 깨달아야 한다. 자신보다 재능이 부족한 친구라도, 자신과 전혀 반대되는 관심사를 가진 친구라도 모두 아이의 삶에 영향을 미칠 수 있는 존재들이다. 영재아는 자신의 에너지를 한 곳에 집중시키는 것도 중요하지만 삶에서 추구할 수 있는 다양한 가치들과 본인에 대한 타인들의 기대치를 균형 있게 조율할 수 있어야 한다. 혼자서 이 세상을 살아갈 수 있는 사람은 없다. 만약 아이가 항상 혼자인 상태로 성장하게 되면, 아이의 사회성을 비롯한 기본적인 사교적 기술이 결여될 수밖에 없다.

그 때문에 자기 자신보다 지적 수준이 낮거나 관심사가 다른 아이들을 기다리고 배려해 줄 수 있도록 지도해 주어야 한다. 만약 아이가 추상적이고 어려운 단어를 사용하거나 너무 한 가지 주제에 대해서만 몰두한다면 친구들이 이해하기 어려워한다는 점을 알려줄 필요가 있다. 또한 "너는 영재이기 때문에 남들과 달라"라는 식의 표현은 아이를 더욱더 외롭게 할 수 있다. 다른 아이들과 비슷한 점 역시 많다는 점을 강조하여 괴리감을 좁혀 나갈 수 있도록 지도하는 편이 더 나을 것이다.

반드시 많은 친구를 사귀도록 부담을 줄 필요는 없다

아이가 가정과 학교 안팎에서 가능한 다양한 친구와 어울리며 사교 및 친목 활동을 할 줄 알아야 한다는 것이 많은 부모들의 믿음이다. 하지만 그 명제가 누구에게나 똑같이 적용되어야 하는 것은 아니다. '친구'라는 개념에 대한 영재들의 생각은 보통 사람들의 생각과 다를 수 있기 때문이다. 이들은 자신들의 생각을 공유할 수 있는 소수의 사람들과 깊은 관계를 선호하는 편이다. 지능이 우수하고 창의력이 뛰어난 영재들은 자신만의 과제에 몰두하여 어떠한 성취를 이루어 내려는 욕구가 강하기 때문에 양적인 차원에서 많은 친구를 필요로 하지 않을 수도 있다. 자신의 생각과 독창성을 존중해 줄 수 있는 특별한 친구가 곁에 1~2명만 있다면, 자신을 이해해 주지 못하는 대다수의 친구들에 대한 억울함과 서러움도 이겨 낼 수 있을 것이다. 깊은 관계를 맺는 소수의 친구가 소외감을 떨쳐내는 데 결정적인 역할을 하는 것이다.

하지만 주의해야 할 점도 있다

아무리 뛰어난 통찰력으로 상대의 본심을 꿰뚫을 수 있는 영재라 해도 상대방과의 두뇌 게임에서 치명적인 약점이 존재한다. 보통 사람들과 달리 영재들은 자기 자신만의 고유하고 이상적인 정신세계를 갖는 경우가 많기에 '고독'이 항상 동반된다. 고독함은 그 자체로 정신적 고유성을 의미하는 것으로서 '창조성'의 씨앗이 되기도 하지만, 자신의 사상을 표출하여 타인에게 공감을 얻으려는 '인정 욕구'를 동반하기 마련이다. 그만큼 '고유성'이 강할수록 자신의 생각에 동조해 줄 수 있는 사람의 존재가 절실해짐을 뜻한다. 때문에 누군가가 아이의 생각에 관심을 가져주거나 공감을 표하게 되면, 아이는 필요 이상으로 상대방을 지나치게 신뢰하게 되며 내면을 여과 없이 있는 그대로 방출해버릴 여지가 크다. 하지만 이는 사회생활에서 위험한 것이다. 아이에 대한 민감하고 위험할 수 있는 개인적 정보가 상대방에게 노출되지 않도록 지도해야 한다. 순수하지 못한 목적으로 항상 좋은 말만 하는 사람들을 제대로 구별해내고 이들로 주변을 채우지 않도록 지도해야 한다.

강한 자의식이 인간관계에 방해가 되지 않도록 지도하자

자아가 강하고 자신만의 과제에 몰두하는 영재들은 주변 사람들의 의견에 대해 가볍게 생각하기가 쉽다. 스스로의 주장이 항상 옳고 다른 사람의 주장은 틀렸다고 전제하는 태도는 타인을 불쾌하게 만들며 주변에 적을 계속 만들어낼 수 있다. 자기 생각이 옳다고 확신하더라도 타인의 주장을 경청하고 겸허하게 받아들일 수 있는 지혜를 가르쳐 줘야 한다. 또한, 타인의 의견이 틀렸다 하더라도 그것이 모두 틀렸다고 볼 수도 없다. 타인의 의견을 잘 듣다 보면 자신이 놓치고 있는 부분을 발견할 수도 있고 모순점을 해결하는데 큰 실마리를 얻을 수 있기 때문이다. 성공적인 창의성의 발현을 위해서도 아이는 타인의 부정적 피드백 속에서 단서를 찾을 줄 아는 지혜가 필요하다. 주변의 부정적인 피드백을 감정적으로만 받아칠 것이 아니라 겸허하게 받아들이고 점검해보는 자세가 필요하다. 주변의 부정적인 피드백을 너무 자신의 자아정체성과 연결 짓지 않도록 지도하자.

나이가 같다고 해서 친구인 것은 아니다

영재들은 사소해 보이는 문제에 대해서도 친구들에게 도전적인 태도를 보이기도 하고, 그들에게 이해와 공감을 구하기도 한다. 하지만 지적으로 너무 앞서나가는 영재아의 경우 또래들에게는 이해와 공감을 기대할 수 없게 되는 경우가 많다. 때문에 자신보다 나이가 많은 선배나 어른들과 이야기하는 것을 더 좋아하는 경향을 보이며 이들을 친구로 여기는 영재들이 많다.

이질감을 견디지 못하는 영재들의 경우 또래들과 어울리기 위해 자신의 재능을 감추고 평범한 척을 하기도 한다. 하지만 아이가 주변 친구들과의 원만한 관계를 위해 자신의 영재성을 부정하려 든다면, 아이의 자존감이 부족한 것은 아닌지 살펴보고 그럴 필요가 전혀 없음을 가르쳐야 한다. 남들이 자신에 대해 내리는 평가에 따라 휘둘리는 인생을 사는 것만큼 불행한 것도 없다. 남과 달라 보이는 것에 대해 불안해하고 정상적으로 보이는 것에 집착하게 되면 내면의 고유함이 아니라 겉으로 보이는 대외용 인격을 유지하는데 더 큰 노력과 시간을 허비하게 된다. 자신을 믿고 앞으로 나아갈 수 있도록 지도하자.

적극적인 대화를 시도하여
내면을 표출하게 하라

아이가 자꾸 보채고 짜증을 내는 것은 엄마에게 무엇인가를 바라고 있다는 신호이므로, 아이를 무작정 다그치기보다는 아이의 감정을 이해하고 수용해야 한다.

앞에서 살펴본 바처럼 영재들은 비교적 어린 시절부터 자기 자신만의 기준과 세계관이 형성되고 이 세상의 거시적인 부분들에 대해 고민하기 시작한다. 학교에서는 언어 예절과 인사 방법에 대해 가르치지만 아이는 벌써 '도덕의 이중성'과 '도덕적 모순'에 대한 철학적 고민을 하고 있을 수 있다. 아이가 철학적인 주제나 거시적인 주제로 고민을 하고 있다면 부모는 아이와 진지한 태도로 대화해주고 어려운 개념들에 대해 기꺼이 토론 상대가 되어줄 수 있어야 한다. 아이의 사소한 생활 태도를 지적하면서 아이의 거시적인 고민을 쓸모없는 것으로 치부한다면 최악이다.

의견 표출을 억압받고 좀 더 보편적인 상태가 되도록 강요받는 영재들은 자신의 행동을 점검하면서 주변 사람들의 눈치를 보기 시작한다. 사람들과 별문제 없이 지내기 위해, 사회적 관계의 안녕과 심리적 안정을 위해 자신의 언행을 억압할 동기를 느끼는 것이다. 하지만 이러한 상태가 지속될 경우 결국 감당하지 못하고 폭발하거나 우울함에 빠질 가능성이 크다.

그래서 고민을 적절히 표출하고 부모와 대화를 통해 해소하는 것이 중요한 것이다. 진정한 정서적 안정은 자신을 억압하는 것이 아니라 적절히 표출할 때 달성될 수 있다. 자신의 내면을 무조건적으로 억압하는 것은 당장의 표면적 안정을 위해 언제 터질지 모르는 폭탄을 축적해 놓는 것과 같다. 그 작은 폭탄 하나하나가 계속 축적되고 나면 감성이 예민한 영재들의 마음에 큰 상처를 남길 것이다. 아이가 자신이 겪고 있는 정서적 불안을 마음속에만 담아두고 아무 문제가 없는 것처럼 행동하는 것은 아닌지 부모는 늘 살펴봐야 한다. 그리고 아이의 기쁨이나 긍정적 감정 말고도 슬픔, 분노, 질투와 같은 부정적인 감정도 함께 나눌 수 있어야 한다. 영재아의 고민은 다소 고차원적이며 또래와 나눌 수 있는 것들이 아니므로 부모의 역할이 차지하는 비중이 크다.

자신의 감정을 솔직하게 표현하도록 하고 그것을 잘 들어주는 것만으로도 아이는 부모에 대한 진실함과 사랑을 느낄 수 있을 것이다.

아이가 무엇에 관심 있어 하는지, 무엇을 표현하고 싶어 하는지 주의 깊게 살펴보자.

부모가 지양해야 할 말들

"쓸데없는 생각은 그만하고, 밀린 숙제 좀 하렴"(일상의 문제를 지적하면서 아이의 심각한 고민을 하찮은 것으로 취급)

"사람은 원래 태어나면 언젠가는 죽는 것이란다."(아이의 고민에 대해 성의 없고 무관심한 반응)

영재아는 지적으로 탁월하지만, 정서적으로는 다른 어린아이들과 다를 바가 없다는 것을 알아야 한다. 오히려 영재의 특성상 평범한 아이들보다 정서적 어려움이 클 수도 있다. 그 때문에 가장 믿고 신뢰할 수 있는 부모로부터도 관심과 공감을 받지 못한다면 더 큰 우울감을 느끼게 될 것이다. 자신의 고민을 표출하지 않고 속으로만 앓게 되면 이 아이는 성장해 감에 따라 자기 자신만의 생각에 고립될 수가 있다. 자기 자신만의 고유한 생각을 하는 것은 독창성을 비롯한 창의성 계발에 좋은 영향을 미칠 수도 있지만, 그것을 적절히 표출하지 않고 속에만 쌓아둘 때 문제가 발생하는 것이다. 자기 자신의 고유하고 독특한 생각을 세련된 방식으로 표현하고 공감을 끌어낼 수 있는 능력을 기르기 위해 평소 부모와의 대화를 통해 훈련받아야 한다. 자신을 솔직히 표현하며, 다른 사람과의 관계에서 즐거움을 찾을 수 있는 아이들이 자존감도 안정적으로 형성된다.

자존감을 올려줄 수 있는 대화법

· 대화할 때는 눈을 보고 집중하며 이야기를 들어준다.

· 아이의 의견과 기분을 충분히 이해하고 존중하고 있음을 표현해주자. "너의 기분을 이해한단다", "너의 생각은 이런 것이구나"와 같은 표현은 아이를 정서적으로 안정시켜준다.

· 부모의 자의적 생각을 개입시키거나 강요하지 말고, 대화를 통해 서로의 의견을 나눈 뒤 아이가 스스로 결론을 도출할 수 있도록 하자.

· 아이의 결정권을 존중하자. 아이에게 "창문을 닦아라"는 식의 일방적인 명령

158

조 지시보다는 "밖에서 쓰레기를 분리수거하는 것과 설거지하는 것 중 어느 것을 하고 싶니?"라는 식의 구체적인 선택권을 주고 아이가 능동적인 결정자로서 집안의 일에 참여하게 하는 것이 좋다.

· "이렇게 하면 어떻게 될까?"와 같이 주어진 상황에 대한 아이의 의견을 물어 자신의 의견을 적극적으로 정리하고 표현할 기회를 주자.

자존감은 태어날 때부터 정해져 있는 것이 아니다

부모와의 애착 관계, 사회적/문화적 환경이 복합적으로 작용해 초등학교에 입학하는 시점인 8세 무렵 자존감의 수준이 결정된다. 이때 형성된 자존감이 아이의 미래 운명에 커다란 영향을 미치게 된다. 타고난 재능이 우수한 영재라고 해도 자존감이 불안정하게 형성되면 학교나 조직에서 겪는 어려움을 극복하지 못할 가능성이 크다. 영재아는 자의식이 강하고 완벽주의 성향이 있는 경우가 많으므로 타인의 시선에 대해 민감하게 반응하고 자기 자신 역시 스스로를 너무 부정적으로 평가할 수 있다. 그만큼 영재들의 안정적인 자존감 형성 문제는 중요하다.

아이의 자존감 형성에는 부모와의 애착 관계가 다른 부수적 요인보다 미치는 영향이 훨씬 크다. 자존감이 높은 부모 밑에서 자라는 아이들이 자존감도 높다. 특히 열등감과 우울 및 피해 의식이 강한 부모에게서 자란 아이는 그러한 부모를 닮는다는 보고도 있다. 대물림되는 것은 '부'나 '재능'만 있는 것이 아니다. 자존감도 대물림된다. 아이에 대한 무분별한 체벌이나 부부싸움보다도 아이의 미래에 더 해로운 것이 부모의 '우울'과 '열등의식'이니 알아두기 바란다.

자존감이 높은 엄마는 아이의 행동에 쉽게 감정을 드러내지 않으며 참고 인내하며 배려한다. 자존감이 높은 부모는 가정과 사회에서 행복한 삶을 영위하며 자녀의 삶을 건강한 방향으로 안내할 수 있다. 반면 자존감이 낮은 엄마일수록 아이의 조그만 실수에도 성난 감정을 드러내며 아이를 주눅 들게 만든다. 열등의식이 강한 부모는 자신이 이루지 못한 소망을 자녀를 통해 충족하고자 하는 경향이 있다. 자기 자신도 모르게 아이의 주체적인 삶을 가로막게 되는 것이다.

따라서 아이의 자존감 향상을 위해서는 부모가 먼저 스스로의 자존감을 높여야 한다. 아이가 삶을 대하는 태도는 부모에게 배운다. 부모가 먼저 삶을 자율적이고 여유롭게 영위하는 모습을 보여주어야 한다.

아이의 재능보다
노력과 도전 자체를 칭찬하라

모든 부모는 '칭찬'이 아이의 자존감 향상에 큰 도움이 된다고 생각한다. 물론 칭찬은 고래도 춤추게 한다는 말이 있듯이 칭찬은 과제에 대한 아이의 동기를 유발하고, 부모가 자기 자신을 믿어준다는 정서적 안정감을 느끼게 해줄 수 있다. 하지만 필자는 칭찬을 하는 것 자체가 중요한 것이 아니라, '어떻게 칭찬을 할 것인가'가 더 중요한 문제라고 본다.

영재아를 둔 부모나 범재를 둔 부모나 "너는 똑똑하니까 어떤 과제든지 다 잘 해낼 수 있을 거야", "너는 똑똑하니까 이것보다 더 어려운 것도 해낼 수 있을 거야" 같은 말을 자주 쓴다. 하지만 아이의 재능을 칭찬하는 것은 자신감을 길러주는 긍정적 측면도 있지만, 어른들의 기대에 부응해야 한다는 압박감을 심어주는 역기능도 있다. 특히 칭찬을 받는 아이가 정서적으로 민감한 영재에 해당할 경우 더욱 심각하게 받아들일 수 있다. 이와 관련된 유명한 연구 결과가 있는데 그것은 바로 1990년대 스탠포드의 심리학자 캐럴 드웩이 학령기 아동들을 대상으로 한 실험이다.

드웩은 학령기 아동 400명에게 쉬운 퍼즐 문제를 풀게 한 후 임의로 두 그룹으로 나누었다. 첫 번째 그룹에는 그들의 타고난 지능을 칭찬했다. 타고난 지능이 높기 때문에 퍼즐 문제들을 잘 풀어낸 것이고 다른 문제들도 쉽게 해낼 수 있을 것이라는 기대감을 표출한 것이다. 반면 두 번째 그룹에는 타고난 지능이 아닌 노력에 대해서 칭찬했다. 과제의 성취 여부는 자신의 노력에 달려있다는 점을 강조한 것이다. 그 후 각 그룹은 두 번째 퍼즐 문제를 풀어보라는 제안을 받았다. 두 번째 퍼즐 문제는 특이하게도 난이도가 쉬운 것과 어려운 것 중 하나를 선택할 수 있게 되어있었고, 그 결과는 다음과 같다.

타고난 지능을 칭찬받았던 첫 번째 그룹의 반 이상은 쉬운 유형의 퍼즐을 선택했고, 노력을 칭찬받았던 두 번째 그룹의 학생들은 90%가 어려운 유형의 퍼즐을 선택했다. 이 실험 결과가 영재를 둔 부모와 교사들에게 주는 교훈은 분명하다.

타고난 재능을 믿는 학생들은 자신의 역량을 뛰어넘는 과제에 큰 부담감을 갖게 된다. 자신의 재능을 믿어 주었던 부모님과 선생님을 실망시키기 싫으며, 자신의 재능이 훌륭하지 못하다는 사실을 마주하는 것도 겁이 나기 때문이다.

재능을 칭찬해 주면서도 실패에 엄한 질책이 따른다면 더욱더 나쁜 결과가 초래될 것이다. 아이는 자신의 재능이 부정당할 수 있는 과제에는 도전 자체를 하지 않게 될 것이다.

물론 경우에 따라 아이의 재능을 칭찬해 주는 것도 필요하다. 하지만 여기서 필자가 말하고자 하는 바는 '재능' 못지않게 '노력'에 대한 칭찬으로 아이의 적극적 시도와 도전을 유인할 필요가 있다는 것이다. 아이의 실력보다 고의로 한두 단계 정도 높은 과제를 내주고, 평소보다 낮은 수준의 결과가 나온다 해도 끝까지 과제를 해결하려는 아이의 노력과 도전 자체를 강조하여 칭찬해 주어야 한다.

실패의 누적은 역경 지수를 높여준다

역경 지수란 수많은 역경에도 굴복하지 않고 끝까지 도전해 목표를 성취하는 능력을 의미하는 것으로 그러한 능력을 IQ처럼 지수화 한 것이다. IQ가 높은 영재라고 해도 역경 지수가 낮다면, 실패에 대한 두려움이 새로운 시도와 도전을 할 수 없도록 가로막을 것이다. 결국, 타고난 영재성을 제대로 발휘하지 못하게 된다.

아이는 누적되는 실패의 경험을 통해 실패가 생각보다 두려운 것이 아니며, 세상은 자신의 노력과 시도에 다시 박수를 쳐준다는 좀 더 여유로운 마음을 가질 수 있을 것이다.

특히, 아이가 실패한 부분을 자발적으로 다시 도전하여 해결할 경우 충분한 칭찬과 보상을 주는 것이 좋다. 자신의 실패에 대해 회피하지 않고 다시 도전하는 것 자체만으로도 칭찬과 격려를 받을 수 있다면, 아이는 더욱 어려운 과제에 자발적으로 도전할 것이다. 실패를 담대하게 마주하고 그것을 극복하는 과정을 통해 긍정적인 자아상(자기효능감)을 형성하게 될 것이다. 실패란 자신의 재능을 부정당하는 극단적인 계기가 아니라, 일상 속에서 흔하게 반복될 수 있고 자신의 노력 여하에 따라 얼마든지 극복할 수 있는 것이라는 자신감을 심어주어야 한다. 그러면 아이는 도전적이면서도 신중한 완벽주의 성향까지 고루 갖춘 훌륭한 인재로 성장하게 될 것이다. (완벽주의는 그 자체로 부정적인 것이 아니다. 적정한 수준의 완벽주의는 과제 달성의 성공률을 높여줄 수 있다)

높은 역경지수를 가진 사람들의 특징

첫째, 자신의 역경이나 실패에 대해 다른 사람의 탓을 하지 않는다.

둘째, 실패에 대해 자신을 비난하지 않는다. 실패를 했다고 해도 자기 자신을 깎아 내리지 않으며 자신의 능력에 대해 의심하지 않는다.

셋째, 자신이 직면한 문제가 규모나 지속성에 있어서 제한되어 있기 때문에 얼마든지 헤쳐 나갈 수 있다고 믿는다.

_폴G, 스톨츠

형제를 공정하게 대하라

    남매간 터울이 4년 이상 차이가 난다면 큰 문제가 없지만, 평범한 형 아래 1~2살 정도 나이가 적은 영재 동생이 존재한다면 서로 간에 감정적 어려움이 발생하기 쉽다. 나이가 비슷하기 때문에 학교에 진학하는 시기도 비슷하고, 서로 간 재능의 차이가 가시적으로 나타나기 쉽기 때문이다. 뛰어난 영재아의 경우 1~2년 차이 나는 형의 재능을 훨씬 앞서나갈 수 있다. 아무래도 부모 입장에서는 재능이 특출난 아이가 집안의 가장 큰 자랑거리가 되며, 학부모들 사이에서 곧잘 화제의 중심이 된다. 때문에 영재 동생을 둔 평범한 형의 입장에서는 부모의 관심과 사랑을 동생에게 빼앗겼다는 질투를 느끼기에 충분하며 영재인 동생 역시 그러한 형의 불편한 감정을 알아차리게 된다. 이때 부모의 역할은 형제를 공정하게 대하는 것이다. 공정하게 대하라는 것은 아이들을 산술적으로 동등하게 대하라는 것이 아니라 다음과 같이 각자의 능력과 특성에 맞게 조화를 이룰 수 있도록 지도하라는 뜻이다.

첫째, 숨어있는 재능을 간과하지 말자.

보통, 자녀들 중 한명이 특정한 재능을 갖춘 영재일 경우 부모는 그 분야를 기준으로 다른 자녀의 재능까지 평가하는 경향이 있다. 하지만 아이마다 보유한 재능이 다를 수 있음을 알아야 한다. (우리는 이미 하워드 가드너의 다중 지능이론을 살펴보았다) 수학, 과학 등의 재능은 학교에서 시험이라는 도구를 통해 비교적 쉽게 발견할 수도 있고 평가 방법도 비교적 객관적이다. 하지만 미술적 재능이나 문학적 재능은 발견되는 게 쉽지 않으며, 발견된다고 해도 비교적 늦게 꽃피우는 경향이 있다. 그 때문에 혹시 아이의 재능이 숨겨지거나 간과된 측면이 있지는 않은지 살펴볼 필요가 있다. 만약 뛰어난 문학적 재능이 숨겨진 첫째 아이가 동생의 수학적 재능과 비교당하면서 성장한다면 첫째는 장차 불필요한 곳에 열등감을 느끼게 되고 본래 타고난 자신의 재능에 대해서는 대수롭지 않게 여길 공산이 크다.

둘째, 각자의 장점을 칭찬하고 본받게 하자.

각자의 발달한 영역을 칭찬해 주되 각자가 지닌 약점에 대해서는 형제간에 서로 본받을 수 있도록 지도하자. 아무리 영재라 할지라도 모든 면에서 우수할 수는 없다. 때문에 영재가 아닌 범재아도 어떤 면에서는 영재아보다 우수하다. 부모가 영재아의 발달한 강점만을 칭찬하면 아이는 우월감에 젖기 쉬우며 자신의 약점을 알고 있으면서도 그다지 보완해야겠다는 생각을 갖지 못할 수도 있다. 아무리 영재성을 지니고 있다고 해도 약점을 보완하는 데는 충분한 시간과 노력이 필요하다는 것을 깨닫게 해줄 필요가 있다. 이러한 과정을 통해 영재아는 자만심을 경계할 수 있고, 범재인 아이는 자신이 동생보다 못하다는 열등감에서 조금이라도 벗어날 수 있을 것이다. 서로 간의 장점은 비교하여 본받게 하고 단점은 극복할 수 있도록 하자.

셋째, 재능과 성과에 상관없이 아이를 똑같이 사랑하라.

부모가 자녀의 재능에 중점을 두고 사랑과 관심을 표하게 되면, 영재아는 자신의 성과에 부담을 갖게 되고 현재 누리는 부모의 사랑과 관심에 대해 초조와 불안을 느낄 수 있다. 마찬가지로, 범재 아이는 부모의 관심과 사랑에 대해 결핍감을 느끼고 부모의 마음을 계속 확인하려 할 것이다. 부모는 아이들의 재능을 발굴하고 그것을 발현해낼 수 있도록 지도하고 지원할 의무가 있지만, 재능 자체에 상관없이 아이들을 똑같이 사랑하고 존중해 주어야 한다. 한 아이가 우수하다고 해서 그 아이만 차별적으로 대우한다면, 범재인 아이는 소외감을 느낄 수 있다. 각자의 노력과 성과를 충분히 칭찬해 주되 아이들이 재능에 상관없이 사랑받는다는 느낌을 받을 수 있도록 하자.

부모의 양육 유형

아이를 양육하는 부모의 유형에는 크게 네 가지가 있다. 자신의 양육 유형을 파악해보고 개선점을 찾아보자.

애정-자율적 유형

부모로서의 권위보다는 자녀의 의견을 존중하는 대화형 부모다. 이러한 부모 밑에서 성장하는 아이들은 정서적으로 안정적이며 호기심이 많고 창의적이게 된다. 자라나 성인이 되면 독립적이고 능동적인 면모를 보일 수 있다. 하지만, 자기주장이 강해 굽힐 줄 모르는 독불장군으로, 단체 생활에서 약간의 공격성을 보일 여지도 있다.

애정-통제적 유형

아이를 온실 속의 화초로 기르는 과보호 부모가 이에 해당한다. '애정'이라는 명분으로 아이의 행동을 제약하고 통제하는 경향이 짙다. 이러한 부모 밑에서 자라는 아이들은 나름 성실하고 모범적인 태도를 보일 수도 있으나 주체성과 창의력이 부족하며 자아존중감이 약하게 형성될 수 있다. 이러한 아이들에게는 자율성과 독립성을 부여하여 스스로가 문제를 해결할 수 있다는 자기효능감을 느끼게 해주고 스스로에 대한 긍정적인 자아상을 형성할 수 있도록 도와주어야 한다. '양육에 최선을 다한다'는 것은 부모가 아이의 주변을 맴돌면서 일일이 간섭하는 것이 아니다. 아이를 지도하느라 흘리는 땀의 양에 비례하는 것도 아니다. 오히려 적절한 거리를 유지하고 아이의 자립심을 길러줄 수 있는 지혜도 필요하다.

거부-자율적 유형

아이를 너무 방치하는 유형의 부모다. 아이를 너무 통제하는 것도 정서적 불안을 초래하지만, 너무 방치하고 무관심한 것도 아이에게 정서적 불안을 줄 수 있다. 거부-자율적 유형 부모 밑에서 성장한 아이들은 충분한 애정과 관심을 받지 못해 점차 스스로에 대한 가치를 불안정하게 인식하게 된다. 스스로에 대한 무력감과 애정결핍은 주변의 관심을 끌기 위해 고의로 튀는 행동을 할 수 있으며 심할 경우 반항적인 행동을 보이는 등 일탈행위로 나아갈 수 있다.

거부-통제적 유형

권위로 아이의 행동을 억누르는 유형의 부모다. 아이의 의견과 고유성을 존중해주기보다는 자신이 정해놓은 규칙을 일방적으로 강요하는 스타일이다.

아이는 부모의 엄격함에 못이겨 순종적이고 규칙적인 모습을 보일 수 있으나 내면에는 발산하지 못한 분노가 축적될 수 있으며, 아이 역시 공격적이고 권위적인 성향을 갖는 성인으로 자라기 쉽다.

타인의 주장을 수용할 줄 알고 자신의 주장을 굽힐 수 있는 미덕을 가르쳐 준다면 네 가지 유형 중 애정-자율적 유형이 가장 바람직하다 볼 수 있다.

반면, 아이의 일상을 사사건건 간섭하고 통제하는 부모는 아이의 독립성을 억눌러 창의성을 떨어뜨릴 수 있음을 알아두기 바란다. 물론, 어느 한 가지 유형이 언제나 적용될 수 있는 가장 완벽한 양육 태도라고 볼 수는 없다. 부모는 아이를 다루는 구체적 상황에 따라 일인 다역을 할 수 있어야 하기 때문이다. 아이와 대화하거나 놀아줄 때는 사교적이고 안정적인 부모의 모습을 보여줘야 하고 경우에 따라 잘못을 지적하고 행동을 바로잡아줄 필요가 있을 때는 다소 엄격하고 주도적인 모습을 보여주어야 할 것이다

아이들을 천재로 키우는 유대인 부모

모두가 비슷한 생각을 한다는 것은, 아무도 생각하고 있지 않다는 말이다.
_아인슈타인

한 젊은이를 망가뜨리는 확실한 방법은
다르게 생각하는 이보다 똑같이 생각하는 이를
높게 평가하고 지도하는 것이다.
_니체

유대인은 세계 인구에서 0.25%를 차지하지만, 노벨상 수상자의 1/3을 차지하며, 정치계, 법조계, 언론계, 경제계, 금융계, 예술계, 교육계 등 거의 모든 분야에서 두각을 나타낸다. 그 원동력은 무엇일까?

우리는 학교에서 모든 문제에 한 가지의 정답만 있다고 배운다. 100명의 학생이 있어도 인정되는 답은 한 가지여야 한다.

하지만 유대인들은 다르다. 이들은 공부하면 할수록 더 다양한 정답을 내놓는다. 흔한 '클리셰'지만 유대인이 100명이 있다면 그들에겐 100개의 대답이 존재한다. 모든 질문에는 정해진 답이 있다고 믿으며 엉뚱한 대답을 내놓지 않을까 서로의 눈치만 보는 한국 아이들과는 정반대다. 그만큼 유대인들은 자유롭게 사고하고 자기 생각을 거리낌 없이 표현하는 데 익숙하다는 뜻이다.

유대인 어머니는 아이들에게 다른 사람의 의견을 맹종하는 것은 매우 부끄러운 일이라고 가르친다. 책에 적힌 지식과 정보를 그대로 수용하거나 남의 주장을 그대로 따라 하지 말라고 한다. 무엇이든 의심하고 질문하라고 한다. 교사들도 질문을 많이 하는 학생들을 칭찬한다. 말없이 수업내용을 그대로 받아 적는 아이들보다 당연히 높은 평가를 받는다.

이들은 지식을 눈으로 배우기보다는 말을 통해 배우는 것이 일상처럼 되어 있다. 모든 배움은 논쟁과 토론을 통해 이루어진다.

논쟁이 비단 나이가 같은 또래들 사이에서만 일어나는 것은 아니다. 심지어 아이와 어른(부모) 사이에서도 일어난다. (유대인들에게는 '후츠파 정신'이라는 것이 있는데, '후츠파'란 '당돌한', '뻔뻔한'이라는 의미를 가진 히브리어다. 즉, 자신보다 나이가 많은 어른이나 권위자에게도 자신의 의견을 거리낌 없이 표출하고 토론할 줄 아는 정신이다. 이들은 서로 수평적인 위치에서 상대를 존중하는 대화를 이어나간다.)

부모와 자녀는 서로 훌륭한 논객이 되어 대등한 위치에서 논쟁을 지속한다. 서로의 의견에 대해 반박을 하다 보면 자신의 주장을 보완하면서 상대방의 논리적 허점을 찾아내야 하기 때문에 더 날카롭고 종합적인 사고가 필요해지게 된다. 이 과정에서 아이의 논리력, 분석력, 추리력이 향상된다.

심지어, 서로 같은 주장을 하더라도 이를 뒷받침하는 근거는 다를 수 있기 때문에 아이들이 자신만의 생각을 말하게 한다. 아무리 엉뚱하고 독특한 생각과 질문이라도 권장되고 존중받기 때문에 창의력 또한 우수해질 가능성이 높다.

반면, 한국은 고유의 유교사상과 집단주의 문화가 발달해있어 대세를 거스르기보다는 다수의견에 동조하고 남을 닮아가는 것이 좋은 인성이라고 가르친다. 한국의 아이들은 무엇을 해도 된다는 규칙보다는 하지 말아야 한다는 규칙에 먼저 익숙해지게 된다. 아이가 어른의 주장에 대해 반론을 제기한다면 혼이 난다. 대화의 흐름 속에 등장하는 개개인의 주장이 '논리적인가', '독창적인가'하는 본질의 영역은 간과된다. '형식적 권위'같은 전혀 본질적이지 않은 영역이 주장의 타당성과 유용성을 평가하는 강력한 잣대로 작용한다. 도무지 창의와 혁신이 머물 공간은 존재하지 않는다.

유대인 부모는 아이의 고유성을 존중해준다.

유대인 어머니는 아이들에게 '뛰어난 사람'이 되기보다는 '다른 사람'이 되라고 말한다. '1등'하는 인간보다는 '대체할 수 없는' 인간이 되도록 하는 것이 이들의 목표다. 유대인들은 자신의 재능을 주변의 다른 사람과 비교하지 않는다. 각자가 지닌 재능의 분야가 다르다고 인정하기 때문에 누군가 자신보다 수학을 잘한다고 해서 열등감을 느끼지 않는다. (저마다 다양한 특성을 보유한 한국의 아이들은 국·영·수를 잘하도록 훈련받으며, 국·영·수가 자신들의 미래를 결정 짓는다고 믿고 있다)

유대인 부모들은 한국에서 비주류로 취급될 미술, 음악, 체육에 관한 재능을 가진 아이들도 각자의 분야에서 우수한 성취를 이룰 수 있도록 돕는다. 그렇기 때문에 유대인들은 수학, 과학뿐만 아니라 금융, 언론, 예술, 교육 등 모든 분야에서 위대한 성과를 보이고 있다.

아이의 영재성
마지막 한 방울까지 짜내기

음식은 기본적으로 아이들의 성장에 있어 매우 중요한 요소에 해당한다. 키와 몸무게 등의 육체적인 성장뿐만 아니라 두뇌 계발에도 미치는 영향이 크다. 두뇌 활동에 필요한 에너지원이 주로 음식의 섭취를 통해 얻어지기 때문에, 좋지 않은 성분을 섭취하게 되면 그만큼 두뇌에도 좋지 않다. 심지어 정서적으로 나쁜 영향을 미치기도 한다. 다음의 음식들은 두뇌의 신경세포 활성화에 도움을 주는 것들이다.

달걀노른자 아인슈타인은 매일 아침에 달걀 후라이를 먹었다고 한다. 달걀노른자에 함유된 레시틴이라는 성분은 두뇌 회전을 빠르게 하며 뇌의 노화를 방지하는 효과가 있다.

마늘 마늘에 함유된 비타민B1은 탄수화물대사와 신경전달물질의 작용을 도와준다. 아이의 정신 활동에 있어 지구력을 높여주는 역할을 한다. 비타민B1이 부족해지면 집중이 어렵고 정서적으로 불안해질 수 있다.

미역 미역에 함유된 칼륨은 피로를 풀어주는 데 효과적이다.

고등어, 삼치 등 등푸른생선 등푸른생선에 함유된 오메가3(불포화지방산)은 뇌에 좋은 지방에 해당하며 지적 능력 퇴화와 치매 예방에 좋다. 우리의 뇌는 두 겹의 지방질에 쌓여 있는데 그만큼 좋은 지방을 섭취해야 두뇌 활성화에 도움이 된다.

브로콜리 브로콜리에 함유된 엽산은 뇌세포의 원활한 교신에 도움을 주어 기억력과 집중력을 증대시키는 효과가 있다.

과일 신선한 과일에는 칼슘, 철, 칼륨, 비타민 등이 함유되어있어 뇌의 노화를 막아준다. 특히 사과에 함유된 아연은 기억력 증대에 좋다.

곡류 필수지방산과 필수아미노산은 기억력과 집중력 증대에 도움이 된다.

설탕의 과다 섭취는 두뇌활동을 방해할 수 있다.

설탕은 주로 '충치'나 '비만'에 영향을 주는 것으로 생각된다. 하지만 설탕은 두뇌 활동에도 좋지 않은 성분이다. 물론 두뇌의 활동에는 일정량의 '당'이 필요하다. 하지만 '당'에도 좋은 종류가 있고 나쁜 종류가 있다. 신선한 과일을 통해 섭취되는 당과 달리 아이스크림, 음료수, 초콜릿, 마카롱 등에 많이 함유된 인공 설탕은 두뇌활동을 방해하고 스트레스를 유발하기도 한다.

설탕은 인지 능력 외에 기분과 정서에도 좋지 않은 영향을 미친다.

실험용 쥐를 대상으로 한 실험에 따르면 설탕을 섭취한 쥐는 기억 중추 또는 해마 내에 염증이 유발되어 미로 해결능력이 떨어졌다.

제6장
창의성도 갖춰야 고급 영재

    아무리 두꺼운 전화번호부 책을 통째로 암기할 수 있고, 10자리 수 곱셈을 해낼 수 있을지라도 그 자체로는 어떠한 창조와 혁신도 일으킬 수 없다. 단순히 외부의 정보를 정확하게 분석하고 수용하는 능력이라면 컴퓨터가 인간을 대신해 줄 수 있다.

4차 산업혁명 시대,
아이에게 가장 필요한 능력은?

4차 산업혁명이란 정보통신기술(ICT)이 경제와 사회 전반에 융합되어 일어나는 혁신적인 변화를 말한다. 우리가 앞으로 마주할 인공지능 사회는 컴퓨터가 인간의 업무 대부분을 대체할 수 있는 사회다. 게다가, 변화의 속도가 빠르고, 예측할 수 없는 변수 또한 많아져, 기존에 통용되던 지식도 얼마 지나지 않아 잘못된 것으로 간주되거나 효용성이 없는 구식 정보로 전락하고 말 것이다.

이러한 사회에서 인간에게 요구되는 능력은 책에 적혀있는 지식을 그대로 암기하는 능력이 아니다. 암기와 계산은 컴퓨터가 대신해줄 수 있다. 단순히, 기존의 정보를 그대로 흡수하고 다른 곳에서 뱉어내는 것은 별로 의미가 없다. 인간이 컴퓨터를 뛰어넘을 수 있는 진정한 방법은 우수한 인지능력에서 더 나아가 기존의 지식들을 융합하고 자신의 고유성을 반영해 새로운 가치를 창출해내는 창조적 능력에 있다 할 것이다. 이것은 컴퓨터가 인간을 쉽게 대체할 수 없는 부분이다.

물론 영재들은 대부분 높은 IQ를 지니고 있기 때문에 지식과 정보를 효율적으로 받아들이고 분석할 수 있는 능력이 보통 사람보다 우수하다고 볼 수 있다. 하지만 우수한 창의성의 발현 단계로 넘어가기 위해서는 눈앞에 보이는 사실을 인지하고 분석하는 것에서 더 나아가 서로 무관해 보이는 개념들을 획기적으로 연결하고 재조합해낼 수 있는 능력까지 필요하다. 이러한 사고 능력은 확산적 사고와 관련이 있으며, 주로 우뇌가 발달한 영재들에게서 보이는 사고 방식이다. 창의적인 영재들은 자신들의 사고의 폭을 연상작용을 통해 확장시키는 경향이 있다. 창의성이 뛰어난 영재들은 보통 사람들과는 전혀 다른 방식으로 세상의 정보를 받아들인다. 일례로, 공리주의를 대표하는 철학자 제레미 벤담은 학창 시절 집기류 등에 사람 이름을 지어주고 대화를 나누곤 했는데, 이처럼 다른 가치를 사물과 연결시키고 정서적 관계를 맺는 행동 특성 역시 높은 창의성을 대변해 주는 것들 중 하나다. 만약 아이가 특정한 사물에 부모나 친구를 비롯한 다른 대상들을 연결시키고 연상 반응을 보인다면, 그는 나중에 이 능력을 예술, 과학 및 인간관계에서 잘 이용할 수 있을 것이다.

하지만 좌뇌(논리적 사고)와 우뇌(확산적 사고) 어느 한 가지 영역만 발달해서는 곤란하다. 좌뇌와 우뇌가 함께 발달해야만 풍부한 상상력을 지니고 있으면서도 추상적인 원리를 문제해결에 잘 적용하고, 중요한 사건과 그렇지 않은 사건을 잘 변별하며, 서로 다른 목적 간의 관계성을 정확하게 탐구하는 등의 행동 특성을 보일 수 있기 때문이다.

창의성은 높은 시선에서
다양한 아이디어를 조합하는 능력이다

창조 활동이란
기존의 아이디어와 기술들을 골라보고 섞어보고 종합해보는 일이다.
_아서 케스틀러 (영국 비평가)

한 저자의 것을 훔쳐 가면 표절이 되며,
많은 저자의 것을 훔쳐 가면 연구 결과가 된다.
_윌슨 위즈너 (시나리오 작가)

창의성은 사물을 다른 방식으로 접근할 줄 알며, 그 무작위적이고 관련 없어 보이는 요소들을 조합하여, 전혀 새로운 가치를 창출하는 능력이다.

사물을 있는 그대로만 바라봐서는 새로운 의미와 가치를 발견할 수 없다. 그래서 잡스의 구호는 "Think Different(다르게 생각하라)"이다. 이것은 기존의 것들을 새로운 형태로 재조합해낼 수 있는 능력과 관련이 있다.

일례로, 애플은 기존에 없던 전혀 새로운 것을 만들어 낸 적이 없다. 스티브 잡스가 휴대폰, 카메라, MP3를 직접 발명한 것은 아니었지만, 이를 합쳐서 새로운 개념의 아이폰을 출시했다. 스티브 잡스는 "혁신이란 무에서 유를 만드는 것이 아닙니다"라고 말한다.

이처럼 기존의 것들을 융복합하는 과정에서 혁신은 탄생한다.

우리에게 잘 알려진 〈아웃라이어〉의 저자 말콤 글래드웰 역시 창의성이 무엇인지 보여주는 인물로서 손색이 없다. 그는 현시대 최고 논픽션 베스트셀러 작가 중 한 명으로 2005년 미국 타임지는 세계에서 가장 영향력 있는 100인으로 선정하기도 했다. 말콤 글래드웰은 이 세상에서 가장 영향력 있는 작가 중 한 명이지만 그가 책에서 다루고 있는 대부분의 이론은 이미 오래전에 발표되어 잊혀졌던 것들을 따와 재조합하고 스토리를 부여한 것들에 불과하다. 그가 학자로서 깊이 있게 어떠한 대상을 직접적으로 연구하고 논문을 작성한 것은 아니었다. 하지만 그가 쓴 책의 파급력은 그 책에 등장하는 이론들을 직접 연구한 학자들과는 비교가 되지 않을 정도로 엄청나다. (그의 저서가 출간되면 그 책에 담긴 내용이 실로 많은 사람들에게 영향을 준다) 스토리텔링 방식에 있어 말콤 글레드웰의 천재성을 부인할 수 있는 사람은 아무도 없으며 그만의 고유한 스토리텔링 방식은 그의 창의성이 극단적으로 발현된 형태라고 말할 수 있겠다. 어쩌면 창의적 성취가 위대한 것은 그것이 창조된 과정이 비범했기 때문이라기보다는 그 산물의 파급효과가 크기 때문일 수 있다.

현대사회는 과학기술문명(IT와 컴퓨터공학)이 극도로 발달하여 지식과 정보를 효율적으로 습득하기가 용이한 환경이 조성되었으며, 한 개인의 창의적 발상이 가져다주는 사회적 파급력 또한 과거보다 훨씬 커졌다고 볼 수 있다. 누구나 자신의 기량을 초과하는 수준의 창조적 결과물을 만들어낼 수 있으며 그 과정에서 개인들은 물질적인 측면뿐 아니라 정신적인 측면에서도 풍요로운 삶을 살 수 있다.

창의적 재능은 쉽게 눈에 띄는가?

　창의적인 사람의 가장 두드러진 특징은 '새로운 지식과 경험에 열려있는 태도'라는 것이 학계의 지배적인 견해이다. 일반인은 중요한 것과 사소한 것을 구분하여 사물을 지각하는 경향이 있다. 이것을 '선택적 지각'이라고 한다. 하지만 뇌가 활짝 열려있는 창의적 영재들은 '선택적 지각의 결여'라는 재능을 가지고 있다. 사물의 모든 것을 포착해낸다. 다른 사람들이 쉽게 놓치는 것을 지각하고 사고의 과정 속에 포함시키므로 관습을 뛰어넘는 대단히 독창적인 아이디어가 생성될 수 있는 것이다. 하지만 개방적인 태도는 종종 오해를 부르며 부정적으로 평가되기도 한다. 부모나 교사의 지시에 그대로 따르지 않고 자기 생각을 공격적으로 어필할 수도 있기 때문이다. 창의성이 뛰어난 학생은 질문이 많으며, 질문의 수준이 교과서에서 바로 찾아볼 수 있을 만큼 단순하지가 않다. 그리고 수업의 내용에서 벗어난 경우도 많다. 그렇기 때문에 실제로 창의적인 아이들은 원활한 수업과 지도를 방해하는 성가신 존재들로 취급될 우려가 있는 것이 사실이다. 특히, 특정한 과목을 가르치는 교사들의 경우 자신의 과목에 대해 열정과 성의를 보이지 않는 아이들의 창의적 잠재력을 과소평가하는 경향이 있다.

심지어, 교사의 지시를 잘 따르는 성실한 학생들이 창의적인 학생으로 평가된다는 연구 결과도 있다. 교사들이 창의적인 학생들에게 '반항아'라는 프레임을 씌우는 이상 이들의 잠재력은 사회의 각 분야에 미치지 못하게 될 것이다. 권위를 중시하는 교사가 아이들에게 창의성을 가르치고 평가하는 것은 자칫 '수용적 사고를 지닌 성실한 아이'를 창의성의 모범으로 삼고 지도할 가능성이 높다.

'창의성'이라는 말은 일상에서 흔히 사용하는 말이지만 교육 전문가인 교사는 '창의성'에 대해 얼마나 알고 있을까? 교사가 '창의성'에 대해 얼마나 잘 알고 있는지는 창의성이 뛰어난 학생들을 어떻게 대하는지를 보면 알 수 있다.

토렌스가 말하는 창의적인 아이들의 특성

창의적인 아이들의 긍정적 특성

· 일을 자기 주도적으로 처리한다.

· 상상력이 풍부하며 자신의 아이디어나 발명품에 관해 이야기하는 것을 좋아한다.

· 융통성 있는 사고를 한다.

· 모험심이 투철하여 새로운 시도를 두려워하지 않는다.

· 직관이 발달해 있어 사람들이 눈치채지 못하는 사물의 숨은 관계를 통찰해낸다.

위에 제시한 특성들은 그 자체로 매력적이다. 하지만 창의적 사람들은 일반

사람들을 혼란스럽게 하는 습관과 특성을 가지고 있어 주변 사람들을 놀라게
한다. 다음의 내용은 부정적 특징이다.

· 반복되는 일에 쉽게 싫증을 낸다.

· 관습과 예절에 대해 다소 냉소적이다.(전통 파괴적이다)

· 자기 생각이 강하다. (고집이 세며, 자기중심적이다)

· 개인주의 적이며 간섭받기 싫어한다. (특히 한국 문화에서 부정적인 평가를
받기 쉽다)

· 학급 활동이나 단체 행사에 참여하기 싫어한다.

· 발달한 직관적 능력이 현실 속의 사물을 비약하기도 한다.

· 조직의 규칙 및 권위에 대해 의문을 제기한다.

· 정신적으로 과잉행동을 보이는 경우가 많다.

· 사교성이 부족하다.

IQ가 높은 아이도 방심할 수 없다

높은 IQ를 보유했다는 것이 꼭 깊이 사고할 수 있는 능력의 보유를 의미하진 않는다. IQ와 사고력의 관계는 자동차와 운전자의 관계와 같다. 아무리 좋은 차라도 운전 기술이 미흡하면 자동차는 굴러가지 않는다. 반면 낡은 차라도 운전 실력이 우수하다면 차는 굴러간다.

_에드워드 드 보노

창의성은 지적 능력 중의 하나이지만 지능 검사에서 측정하는 지능과는 다른 능력으로 간주되기 때문에 높은 IQ가 반드시 높은 창의성을 보장해 주는 것은 아니다. 버클리 대학 도널드 맥키넌 교수의 연구에 의하면 IQ 120까지는 IQ와 창의성이 비례하는 경향을 보이지만 120 이상부터는 유의미한 상관관계가 나타나지 않는다고 주장한다. 예를 들어 IQ 140이라고 해서 반드시 IQ120인 사람보다 창의성이 높다고 단정할 수 없다는 말이다.

미국의 심리학자 길 포드 역시 사고 양상을 크게 2가지로 분류하였는데, 하나는 수렴적 사고이며 다른 하나는 확산적 사고이다.

수렴적 사고란 일정한 사물이나 대상을 분석하는 것으로, 주어진 정보를 통합하여 가장 정확한 답을 찾아내는 능력과 관련이 있다. 주로 IQ 검사에서 요구되는 사고 능력이라 할 수 있다.

반면 확산적 사고란 어떤 문제에 대한 정보를 다각적으로 탐색하고, 상상력을 발휘하여 답이 미리 정해지지 않은 다양한 해결책을 모색하는 사고 능력으로 이것이 창의성과 관련 있다.

대다수의 지능 검사는 이미 주어져 있는 정보를 분석하여 가장 정확한 답을 찾아내는 수렴적 사고와 관련이 깊기 때문에 확산적 사고를 제대로 측정해주지 못한다는 한계가 있다. 그렇다면, 수렴적 사고 능력만 주로 측정하는 지능지수(IQ)는 창의성과 아예 관련이 없는 것일까? 하지만 그렇다고 볼 수도 없다. 왜냐하면, 높은 창의성을 발휘하려면 개념이나 지식을 학습하고 그것을 제대로 분석 및 통합할 수 있는 능력이 반드시 필요하기 때문이다.

IQ는 지식과 정보를 효율적으로 받아들이고 분석 및 축적하는 능력과 관련된다. 창의성, 창의력, 창조력, 독창성 등 비슷한 단어들이 많지만 결국 기존의 개념이나 생각들을 발판으로 새로운 조합을 시도해 내는 것이라고 할 수 있다. 따라서 지능지수(IQ)가 높다고 해서 반드시 창의력이 높은 것은 아니지만 반대로 지능지수(IQ)가 너무 낮다면 낮은 수준의 창의적 잠재력이 있는 것으로 볼 수 있다. 아무리 정보를 다각적으로 탐색하고, 상상력을 발휘하여 여러 가지 대안을 마련할 수 있다고 해도 수집된 각 지식과 정보를 제대로 분석하고 통합해낼 수 없다면 새로운 가치를 창출해내는 능력도 기대할 수 없다. 이 점에 착안한다면 높은 지능지수(IQ)는 높은 창의성 발현의 '충분조건'인 것은 아니지만 최소한 '필요조건'에는 해당한다고 볼 수 있다.

만약, 아이의 IQ가 120 내외에 해당한다면 아이의 인지적 능력은 높은 수준의 창의성을 발휘하는 데 전혀 문제가 없다고 보면 된다.

다만, IQ는 높으나 상대적으로 수용적 사고가 발달한 아이들의 경우, 수학이나 과학, 국어 등 논리성을 요구하는 교과목의 학업 성적은 우수하지만, 자신만의 고유한 생각을 만들고 정리하는 능력이 부족할 수 있다.

아이가 자신의 높은 지능을 책에 등장하는 개념과 정의를 학습하는 것에만 활용하게 하지 말고 고유한 견해를 덧붙여 자신만의 언어로 재창조 할 수 있도록 지도하자. 방금 학습한 내용에 대해 자신의 생각을 덧붙여 말하게 하거나 글로 서술하게 만드는 것도 큰 효과가 있다.

확산적 질문을 활용하라.

답이 이미 주어져 있는 질문이나 '예', '아니오'로 대답할 수 있는 질문은 아이의 내면을 파악하는데도 상상력을 발달시키는 데도 별로 도움이 되지 않는다.

아이가 스스로 정보를 종합하고 주관적인 생각을 표출할 수 있도록 질문을 해야 한다. 예를 들어 "오늘 점심 맛있게 먹었니?", "과제는 다 끝냈니?", "옷이 마음에 드니?" 등의 질문보다는 "네가 이 책의 주인공이라면 어떻게 할 거니?", "외국인은 왜 눈동자가 푸른색일까?", "우리가 지금 통일된다면 어떻게 될까?" 정도의 질문을 하는 것이 좋다.

확산적 질문은 아이의 머릿속에 존재하고 있는 애매하고 불확실한 생각들을 일정한 논리에 따라 융합하고 정리하게 해준다.

IQ와 창의성의 비교

IQ는 이미 알려진 것을 완성하고 습득하는 수렴적 사고 능력과 관련이 있다.

반면, 창의성은 이미 알려진 것을 변경하고 새로운 방법을 개발하는 확산적 사고와 관련이 있다.

IQ는 논리성, 정확성, 속도가 주요 평가기준이지만 창의성은 참신성, 다양성, 놀라움이 주요 평가기준이 된다.

창의성은 가르치는 것이 아니라
허락하는 것이다

일을 그르치는 방법에는 두 가지가 있는데, 하나는 해야 할 것을 하지 않아서 일을 그르치는 것이고, 다른 하나는 하지 말아야 할 것을 해서 일을 그르치는 것이다. 창의성 교육은 후자에 주목할 필요가 있다. 20세기 미술사를 주도한 위대한 예술가 피카소는 "모든 어린이는 예술가다. 문제는 그가 성장한 후에 예술가로 남을 수 있느냐다"라는 말을 남겼다. 피카소의 말처럼 아이들은 그 자체로 순수하고 창의적 잠재력이 최고 수준이다. 하지만 아이들은 성장 과정에서 점차 사회의 많은 제약을 학습하면서, 자신의 내면보다는 외부의 요구에 더 집중하게 된다.

아이를 지도하는 부모나 교사는 '상식'과 '올바름'을 근거로 아이의 행동을 억제하려고만 들며, 그 과정에서 아이의 타고난 창의성 중 상당한 부분이 소멸된다. 여자아이가 로봇을 가지고 놀면, 여자답지 못하다고 강제로 인형을 손에

쥐여주는 부모도 있다. 기존의 틀에 얽매이지 않고 자유로운 사고를 추구하는 아이들을 때론 선 밖으로 나아갈 수 있도록 허용하자. 또래 아이들과 다른 생각을 하고 다른 행동을 할 수 있다는 것은 그 자체로 뚜렷한 가치관과 지적 우월성을 타고났다는 것을 의미한다. 이 기질은 일정한 지식, 경험 등과 접목되어 장차 강력한 창조적 에너지로 발현될 수 있다.

칙센트 미하이, 가드너, 사이몬톤과 같은 학자들은 창의적인 아이들이 기존의 질서에 순응적이지 못하며 반항적으로 행동하는 경향을 보이지만, 이러한 특성은 장차 창의력을 꽃피우는 데 결정적 기여를 하게 된다고 주장한다. 특정 시점과 상황에서 문제가 되었던 아이의 문제 행동들도 시간과 장소가 바뀌고 나서 재검토하면 전혀 다른 평가를 내리게 되는 경우도 많다.

아이들의 창의성을 기르기 위해서는 특별하고 구체적인 시도들을 하는 것도 중요하지만, 불필요한 제약을 가하지 않는 것도 중요하다. 창의성은 그저 일상생활을 통해 체득하는 것이다. 오감을 통해 보고, 듣고, 느끼고 행동하는 과정 하나하나가 창의성을 기르는 데 도움을 주며, 요즘에는 일상생활 속에서 이루어지는 창의성 교육이 권장되고 있다. 학교도 아이들의 창의성을 길러주는 데는 한계가 있다. 기본적으로 창의성은 수학이나 영어처럼 누군가가 지도하고 가르쳐서 습득하는 재능이 아니기 때문이다.

방은 더러울 이유가 있다

어수선한 책상이 어수선한 정신을 의미한다면,
텅 빈 책상은 무엇을 의미하는가?
_아인슈타인

'위생'과 '정리' 등 자기관리를 위한 규칙들을 지도하는 것도 중요하지만 아이들이 놀 때는 방을 어지르는 것을 허용하는 편이 좋다. 아이들의 창의성은 '규제'가 아닌 적절한 '방치'에서 길러지기 때문이다. 아이가 장난감을 가지고 노는데, 중간에 치워가며 놀 것을 요구하거나 방 정리를 먼저 요구하게 되면 아이는 부모의 눈치를 계속 살펴볼 수밖에 없다. 몰입이라는 것은 기본적으로 정신을 한 대상에 온전히 집중할 수 있을 때 일어날 수 있다. 하지만 정리 정돈에 대한 부담감은 아이의 머릿속을 자꾸 비집고 들어와 자유로운 사고와 상상을 방해한다. 아이의 무한한 상상력은 부모가 임의로 그어 놓은 선 안으로 축소되고 만다. 아이는 질서를 무질서로 바꾸고 그 무질서 안에서 자신만의 규칙을 만들어낼 수 있다. 부모가 방이 난장판이 되었다며, 아이의 장난감들을 정리하면 아이들은 쉽게 짜증을 내는데, 그 이유는 자신이 만들어 놓은 세계와 그 안에서 통용되는 규칙을 부모가 함부로 간섭하고 무너뜨렸기 때문이다.

부모는 아이들이 자신과 똑같은 생각을 할 수 있다면 지도가 훨씬 용이할 것이라고 여기지만, 창의성이 우수한 아이들은 안타깝게도 그러질 못한다. 이들은 사물과 지식을 광범위하게 연상하며, 그것들을 결합시키고, 부모와는 전혀 새로운 결론과 의미를 창출해 내기 때문이다. 이로 인해 이들의 방은 아주 무질서하며, 어수선해 보인다. 그러나 우리의 생각과는 달리 이들의 사고는 훨씬 조직적이며 정연하다. 기존의 틀에 갇혀있지 않고 지식을 색다르게 활용하는 능력이 때로는 오해를 살 수도 있지만 기대하지 않은 독창적인 결과를 낳기도 한다는 점을 잊지 말자.

자녀가 자기 맘대로 할 수 있는 시간을 허용하는 것이 중요하다. 스스로를 탐색하고 생각해 볼 수 있는 시간은 부모가 억지로 만들고 가르쳐 줄 수 있는 것이 아니다. 놀이를 통해 아이 스스로가 만들어야 한다. 놀이에 활용되는 도구와 그 활용 방법에 대해서는 지도해 주되 그것을 넘어서는 부분에 대해서는 아이의 몫이 되어야 한다. 부모는 아이의 여러 가지 시도들을 지켜보면서 최대한 존중하려고 노력해야 한다.(위험한 도구나 놀이법은 피하는 것이 좋다)

아이의 몽상과 게으름을 허용하라

수학 공식이나 역사 연표 등 외부의 지식을 축적하는 것에만 시간을 할애하게 되면 높은 창의성을 기대하기 어렵다. 창의성을 발휘하려면 아이가 자신의 내면에 온전히 집중할 수 있어야 한다. 아이에게 우두커니 앉아 몽상할 수 있는 시간을 허용해 주면, 아이는 현실에서 습득한 지식들을 미지의 세계에 끌고 들어가 다른 방식으로 적용해보고 새로운 의미를 끌어낼 수 있을 것이다. 아이는 공상의 바닷속에서 자동차를 로봇과 연결할 수도 있고, 심지어 사물을 인간과 연결할 수도 있다. 특히, 지능이 매우 우수한 고도 영재라면, 학교에서 배운 단편적인 지식들을 철학적인 주제에 끌고 들어와 적용해 볼 수도 있을 것이다. 외부에서 학습한 지식을 자신만의 방법으로 분석하고 모순점을 발견하며 그것을 다시 해결하는 과정을 통해 아이들의 사고력이 신장된다. 그리고 이러한 훌륭한 시간은 아이에게 게으름과 몽상을 허락해 줄 때만 보장될 수 있다.

부모가 아이에게 영어단어장을 들이밀며 공부를 강요한다면, 아이는 공부한 시간만큼 영어단어를 깨우칠 수 있다.

하지만 '행복'이 영어로 'Happy'에 해당한다는 사실을 알게 될지언정 '행복'이라는 추상적인 관념에 대해 스스로 사색하고 정의내릴 수 있는 기회는 줄어들게 된다. '질적인 사고력의 신장'을 '양적 지식 획득'에 양보하는 것이다.

아이의 사고 수준이 누구나 배워서 알고 있는 것에만 국한된다면 우수한 창의성을 기대할 수 없다. 아이가 전혀 배우지 않은 것들에 대해서도 주체적으로 생각하고 판단할 수 있는 능력을 기를 수 있도록 허용하자.

베타파와 알파파

베타파는 과제에 몰입된 상태에서 나오는 뇌파(5~18Hz의 주파수)다. 적당한 수준의 베타파는 정보처리능력을 향상시켜주므로 일의 능률이 높아질 수 있다.

하지만 아이가 과도하게 공부에만 몰두해있거나 쉴 틈 없이 논리적 판단력이 요구되는 과제에 매달려 스트레스를 받으면 베타파가 필요 이상으로 많이 발생하며 그만큼 사고 자체가 경직되게 된다.

반면, 아이에게 게으름과 몽상을 허용하면 알파파가 증가한다. 알파파는 고요한 명상을 하거나 두뇌의 정보처리가 감소할 때 발생하는 뇌파(8~12Hz의 주파수)다. 불안 요소가 없이 뇌가 이완된 상태에서 자유로운 사고를 할 수 있을 때 많이 발생한다. 알파파가 증가하게 되면 집중력이 비약적으로 높아지며 직관력이 날카로워진다.

아이들의 머릿속에서는 여러 가지 지식의 연상적용이 일어남으로써 상상력과 창의성이 우수해질 수 있게 된다.

엉뚱한 발상도 존중해주고
다양한 실패를 권장하라

천재란 수많은 아이디어를 떠올리고 실행하는 동시에 불확실성에 따른 불안도 버틸 줄 아는 사람이다. 나는 농구를 시작한 이래 9,000번 이상의 슛을 놓쳤다. 나는 거의 300번의 경기에서 졌다. 나는 26번의 경기를 결정 짓는 위닝샷을 놓쳤다. 나는 실패하고, 실패하고, 또 실패했다. 그것이 내가 성공한 이유다.
_마이클 조던

처음부터 완벽할 수는 없다

창의적 발상이 처음부터 완벽한 형태로 나타나는 것은 아니다. 그 때문에 처음부터 아이에게 너무나 완벽한 발상을 기대하거나, '현실적으로'라는 차가운 잣대로 아이의 도전 의식과 의욕을 꺾어서는 안 된다. 애벌레가 나비가 되려면 일정한 시간이 필요하다. 모든 창의적 발상은 처음엔 다소 부족하고 엉뚱할 수밖에 없다. 창의성이라는 것은 기존의 것을 넘어서는 것이기 때문이다. 아이의 생각이 처음엔 엉뚱해 보일지라도 쉽게 포기하지 말고 아이가 스스로에 대한 믿음을 잃지 않도록 격려해주어야 한다.

"모든 초고는 걸레다." 천재 작가 헤밍웨이가 한 말이다.

그의 작품 〈무기여 잘 있거라〉의 엔딩 부분은 40번 가까이 고쳐 쓴 것으로 알려져 있다. 이처럼 아무리 글쓰기의 천재라고 해도 일필휘지로 완벽한 책을 내놓을 수는 없다.

아이 역시 다양한 시도를 통해 점차 자신의 아이디어를 다듬어 갈 것이다.

부모의 역할은 아이가 자기 생각에 대해 자신감을 갖고 다양한 시도를 할 수 있도록 격려하는 것이다. 자기 생각에 대해 비난을 들으면서 성장한 아이는 점차 자기 생각을 표현하고 다른 대상에 적용하는 데 어려움을 느끼게 될 것이다. 자신의 고유성을 드러내는 데 불안과 초조를 느끼는 아이들은 결코 '창조'와 '혁신'을 이뤄낼 수가 없다.

실패는 위대한 창조의 전제조건이다

역사상 유명한 천재들이나 오늘날의 유명한 창작자들을 보면 이들이 시도하고 만들어낸 모든 것들이 위대한 가치가 있는 것처럼 보인다. 하지만 사실은 조금 다르다. 이들은 매우 많은 이론과 작품들을 쏟아냈지만, 그 결과물들이 모두 높게 평가받은 것은 아니었다. 예를 들어 피카소는 평생 5만점의 작품을 남겼지만, 그중 찬사를 받는 작품은 극소수에 불과하다. 마찬가지로 아인슈타인 역시 200개가 넘는 논문을 발표했지만, 이 중 광전 효과, 브라운 운동, 상대성 이론에 대한 논문 정도만 큰 주목을 받았을 뿐 나머지 대부분은 별로 주목을 받지 못했다. 아인슈타인의 독창적인 노력도 오류를 내포하는 경우가 많았으며, 때로는 자신의 논리를 손상시키는 치명적인 실수를 저지르기도 했다. 발명가 에디슨도 1,000여개의 특허를 받았지만, 전혀 실용적이지 않은 발명품도 많이 만들었으며 그 중 탁월하다고 평가받는 발명품은 소수다.

필자가 이와 같은 천재들의 사례를 든 이유는 그들의 재능이나 명성에 흠집을 내기 위함이 아니다. 창의적인 사람은 많이 시도하는 사람이며, 그만큼 실패에 익숙한 사람들이라는 것을 강조하고자 함에 있다. 창작의 방향을 정하면

이에 대해 현실적이든 비현실적이든 상당히 많은 아이디어를 쏟아내고 다양한 시도들을 하는 것이다. 그 과정에서 졸작을 비롯한 수많은 작품이 쏟아져 나온다. 그리고 그 주목받지 못하는 평작들 사이에서 위대한 걸작이 탄생한다. 비유하자면 형태가 불분명하고 밑에 다리가 달려 움직이는 표적지를 향해 총알을 난사하는 것과 같다. 물론 대부분의 총알은 표적지를 빗겨나가겠지만 그 많은 총알 중 어느 하나는 표적지를 정확하게 뚫고 지나간다. 결국, 창작의 고통과 실패를 두려워하지 않고 최대한 많이 시도하는 사람이 가장 창조적인 사람이 되는 것이다.

아이를 창조적인 사람으로 키우기 위해서는 먼저, 다른 사람의 생각이나 견해에 상관없이 자기 생각을 당당하게 표현할 수 있는 기회를 마련해주고, 다양한 시도를 통해 작은 실패의 경험을 축적하게 함으로써 실패를 자연스러운 삶의 일부로 받아들이게 만들어야 한다. 실패는 나쁜 것이 아니다. 하나의 경험이고 훈련일 뿐이다.

모방과 학습은 창의성의 적인가?

내가 아이디어를 빌린 모든 사람들을 열거하려면 하루가 걸릴 것이며
살아 있거나 죽은 사람들 모두에게서 배우는 것이 전혀 새로운 것은 아니다.
글쓰기에 관해서도 화가들로부터 많은 것을 배운다.
_헤밍웨이

모방과 학습이 아이들의 자유로운 사고를 방해하기 때문에 이들의 창의력을 억제한다는 주장이 많다. 물론 일리가 있는 말이다. 하지만 완전히 맞는 말도 아니다.

모방은 독창성과 대비되어 별로 좋지 않은 개념으로 다뤄지는 경향이 있으나 모방은 모든 인간에게 있어 굉장히 중요한 과정이다. 모방이라는 것은 누군가가 이미 만들어 놓은 훌륭한 결과물을 그대로 밟고 따라가 봄으로써 직접 그 위치에 도달해 보는 과정이다. 지능을 가진 인간에게 있어서 모방은 본능이기도 하다. 모든 아이디어는 공백에서 나오기 힘들며, 자신의 경험이나 능력이 부족할 때는 탁월하고 모범적인 사람의 행동을 무의식적으로 따라 하게 됨으로써 각종 위험과 비용을 최소화하고 생존율을 높일 수 있게 된다. 모방이라는 것은 결국 '학습'이라는 개념과도 같은 것인데, 이렇게 모방이라는 과정을 지속

해서 반복하다 보면, 어느새 기술이 숙달되고 대상의 원리와 작동방식에 대한 깊은 깨달음을 얻게 되며, 이를 기반으로 새로운 시도를 할 수 있는 지평이 열리게 된다.

현 인류에게 기억되고 있는 역사상 위대한 천재들도 태어날 때부터 독창적 결과물을 창출해 낸 것은 아니었다. 타고난 천재성이 너무나 비범하다 보니 상대적으로 어린 나이에 독보적인 성취를 이룬 것은 사실이지만, 그러한 결과가 있기 전에 철저한 연습과 모방의 시절이 분명 존재했다. 신동으로 알려진 모차르트의 경우 5살 때 작곡을 시작했다고는 하지만 그 곡들이 모두 독창적인 것은 아니었다. 모차르트가 천재라는 사실을 잠시 잊고 본다면, 그의 교향곡, 소나타, 협주곡 등이 하이든의 것과 유사한 부분이 많다는 것을 알 수 있다. 사람들은 신동에 대해 논할 때 이들은 지능이 매우 우수해서 태어나자마자 특별한 교육 없이도 모든 것을 쉽게 터득하고 높은 경지에 도달할 수 있다고 믿는 경향이 있다. 하지만 우리는 모차르트를 그냥 신동으로만 알고 있을 뿐, 그가 다른 음악가들(조반니 바티스타 사마르티니, 크리스찬 바흐 등)의 교향곡들을 필사하고 모방하는 작업을 했다는 사실을 간과한다. 또한 그는 아주 어릴 때부터 아버지 레오폴드에게 집중적인 음악 영재 교육을 받았다. 아버지 레오폴드 모차르트는 아들이 온전히 음악에만 몰두할 수 있도록 하였으며, 자신의 모든 노하우를 아들 모차르트에게 전수하기 위해 노력했다. (레오폴드가 쓴 교본은 그 당시 매우 훌륭한 것으로 정평이 나 있었다)

천재는 대단히 독창적이어야 하고, 그에 기반한 독보적 결과물이 있어야 한다는 점은 불문가지나 이를 위해서는 철저한 모방과 연습의 단계를 거쳐 기량을 숙달시켜야 한다. 다만, 천재성을 타고난 초고도 영재들의 경우 그 단계를 보통 사람들보다 훨씬 빨리 건너뛰는 경향이 있기 때문에 그 과정이 재능이란 요소에 가려져 쉽게 간과될 뿐이다. 이러한 측면에서 볼 때, 모방은 독창성과 대립 관계에 있는 것이 아니라. 점증 관계로도 볼 수 있다. 모방은 독창성 발현을 위한 하나의 숙련 과정이며 모차르트의 독창성도 어린 시절의 철저한 연습과 모방에서 발현된 것이다. 남과 같은 길을 갈 것 같지 않은 독창성의 천재 피카소 역시 위대한 화가들의 작품을 따라 그리고 모방하면서 기량을 축적해 나갔다. (파블로 피카소는 '좋은 예술가는 모방하고 위대한 예술가는 훔친다'라는 명언을 남겼고 이는 훗날 스티브 잡스에게 큰 영향을 준다)

덧붙여, 자신의 전문성을 중심으로 다방면에 박식한 지식을 가진 사람이 더 높은 수준의 창의성을 발현할 수 있다. 담을 넘을 때 의자를 밟고 올라가면 좀 더 편리하듯이 지식도 창의성 발현을 위한 의자 역할을 하는 것이다. 창의성의 전문가인 와이스버그 박사는 높은 수준의 창의성을 발휘하려면 최소한 해당 분야에서 10년 이상의 시간과 노력이 필요하다고 강조했다. 아이들은 자신의 강점 분야를 중심으로 여러 가지 지식과 경험을 축적해 나가는 과정에서 창의성의 수준이 더욱더 높고 정교해질 것이다.

천재에 이르는 길 :
아이의 '말 안 듣는 성질'은 보존되어야 한다

정석을 배운 후 그것을 다시 깨트린다

여기에서는 '창의성'이 최고로 발현된 상태를 '독창성'이라 정의한다.

물론, 마냥 독특하고 특이한 것을 독창적이라고 하지는 않는다. 기발하고 획기적이면서도 '정교성(상상력을 현실성과 연결해 구체화하는 것)'을 만족시켜야 진정한 의미에서의 독창성이라 할 것이다.

아무리 천재성을 타고난 영재라 할지라도 기량이 부족하면 높은 수준의 창의성을 기대하기 어렵다. 기량은 숙달과 모방이라는 정형화된 연습의 과정을 통해 완성할 수 있으며, 높아진 기량에서는 당연히 높은 수준의 창의성이 발현될 수 있다. 하지만, 학습된 내용에만 의존해서는 그다음 단계인 독창성에 닿을 수가 없다.

독창성(originality)의 어원을 보면 말 그대로 자기 자신의 근원(origin)까지 내려가야만 얻어낼 수 있는 것이다. 이 점에서 창의성의 꼭대기 단계에서 독창성으로 넘어가는 단계는 누구에게 배울 수 있는 것이 아니며 오직 스스로 개척해 나가야 한다. 기량 숙달의 낮은 단계에서 높은 단계로 올라가기는 쉽다. 이미 존재하는 길을 그대로 성실하게 따라가면 되기 때문이다.

하지만 독창성에 이르는 길은 지금까지 없던 새로운 길을 만들어내는 일이다.

처음에는 연습과 모방의 단계를 거치지만 결국엔 그것을 초월하는, 남들이 쉽게 모방할 수 없는 자신만의 고유성을 스스로 담아내야만 한다. 전문 지식과 다방면의 지식을 결합하면서도 자신만의 고유성을 담아내야 하는 일이다.

이것은 결국 지금까지 걸어왔던 정석의 길을 깨트리는 것을 의미하며, 자기가 쌓아 올린 기량에 자기 자신이 지배당하지 않도록 하는 것이다.

기량에 지배당한다는 것은 축적한 지식과 경험이 오히려 자신의 색깔을 희미하게 만들고 사유의 범위가 기존의 체계 내로 축소되는 것을 의미한다. 기존의 틀에 갇히지 않기 위해서는 높은 기량을 보유한 동시에 그 기량에 자신의 고유성이 잠식당하지 않는 순수한 어린아이 같은 영혼을 유지해야 한다. 다시 '말을 안 듣는 아이'가 되어야만 이미 확립된 이념과 가치 체계를 넘어서려는 창조력을 발휘하게 되고 결국 남과 전혀 다른 결과물을 만들어낼 수 있다.

자아가 강하고 지능이 우수한 일부 영재들은 권위와 상식을 그대로 받아들이지 못하며 자신만의 방식으로 해석하려 든다는 점에서 '말 안 듣는 재능'을 타고난 존재들이다.

이들은 학교에 진학하여 여러 가지 지식을 습득하게 되면 기량이 높아질 수 있다. 하지만 이들의 '말 안 듣는 재능'이 잘 보존되어야만 장차 성인이 되어서도 독창성을 발휘할 수 있는 사람이 될 수 있다.

획일성이 강조되는 교육 현실에서 아이가 지닌 고유한 영재성을 보존하고 싶다면 세상에 존재하는 모든 지식과 정보를 그대로 받아들이는 것을 부끄러운 것이라고 가르쳐 주어야 한다. 텔레비전, 교과서, 네이버 등 각종 매체에서 언급되는 지식과 정보를 그대로 받아들여서는 안 된다고 가르쳐야 한다. 아이에게 모방과 학습을 권장하면서도 공부의 목적은 시험 자체가 아닌 자신의 고유성 발현에 있음을 가르쳐야 한다. 모든 지식과 정보는 언젠가는 깨뜨리기 위해서, 자신만의 고유한 색깔을 입히기 위해 배우는 것이다.

다른 사람이 남겨 놓은 사유의 결과물에 아이가 지배당하지 않게 하자.

인문학 열풍에 따라 아이에게 무작정 칸트, 니체, 쇼펜하우어, 공자, 노자, 장자가 주장한 지식들을 암기하게 해서는 안 된다. 이들의 저서에 정리된 것들은 '사유의 결과물'에 불과하다. 남이 내놓은 '사유의 결과물'을 그대로 암기하고 기억에 의존하여 다른 곳에서 뱉어내는 것은 '철학'이 아니다. 이것은 남의 결과물을 자신의 것으로 착각하는 것이며, '사고력'이 아닌 '기억력'에 의존하는 대화에 불과하다. 대화의 현장에 자기 자신은 존재하지 않는다. 아이가 자신을 니체화하는 것이 아니라. 니체를 자기 자신화 할 수 있어야 한다. 사상계의 거인들 어깨 위에 올라가 높은 시선을 터득하고 터득한 높은 시선으로 자신만의 '사유의 결과물'을 창조해 낼 수 있어야 한다. 이러한 과정에서 인문학도 우리 현실에 적용될 수 있다.

우리는 예술세계에 입문할 때 먼저, 위대한 작품들을 모방 및 필사하는 작업을 거친다. 그리고 기량이 숙달되면, 우리는 그 주인을 다시 죽인다. 왜냐하면 우리의 고유성이 그들에게 지배받지 않도록 지켜내기 위해서다.

일상에서 창의력 향상시키기

  일상에서 쉽게 구할 수 있는 물건을 그리게 할 수도 있고, 평소에 아이가 관심을 갖는 공룡, 자동차, 비행기 등을 그리게 할 수도 있다. 아이는 그림을 그리는 과정에서 바라보는 방향에 따라 사물의 모양이 달라진다는 것을 인지할 수 있으며 사물을 다각도 분석하는 능력을 기를 수 있을 것이다. 하지만 창의성을 높이기 위해서는 눈에 직접적으로 보이는 대상보다는 우주, 사랑, 미래 로봇, 외계인 등 추상적이며 상상력을 동원해야 하는 대상들을 그리게 하는 것이 좋다. 스케치북과 색연필, 붓, 물감 등을 준비해주고 하얀 공백이 아이의 감정과 상상력을 담아낼 수 있도록 지켜본다. 아이는 사람의 피부색을 파란색으로 그릴 수도 있고, 바퀴의 모양을 삼각형이나 사각형으로 그릴 수도 있다. 하지만 아이의 그림이 현실과 다르다고 다그치거나 부모의 주관을 개입시켜 아이의 상상에 제동을 걸어서는 안 된다. 창의성이란 기존의 것에 얽매이지 않는 자유로운 사고와 자기 주도적 표현을 보장해 주어야만 길러질 수 있기 때문이다.

레고, 점토, 색종이 등의 재료를 활용하여 어떤 대상을 닮도록 표현하는 것도 공간지각능력과 우뇌발달에 도움이 되며, 점토와 색종이를 자신의 마음대로 가지고 놀게 하는 것은 상상력을 길러주는 데 큰 도움이 된다. 장난감도 완제품보다는 추가 조립이 필요한 것들이 좋다. 아이는 레고와 점토로 우주 괴물을 만들 수도 있고, 상상 속의 영웅을 만들 수도 있다. 중요한 것은 아이가 그린 그림이나 조형물을 집안에 전시하는 것이다. 아이가 만들어 놓은 작품에 부모가 관심을 가져주지 않거나 귀찮은 것으로 여기게 되면 아이는 창작활동에 대한 자신감과 의욕을 잃게 된다. 아이가 만든 작품을 잘 보이는 곳에 전시해두면 아이는 자신의 창작물이 부모로부터 인정받았다는 성취감을 얻을 것이기 때문에 계속 무엇인가를 만들기 위해 상상하고 몰두하는 작업을 할 수 있을 것이다.

스캠퍼기법
일상 속에서 창의력을 길러주는 스캠퍼(SCAMPER)기법

스캠퍼(SCAMPER)기법이란 창의력 증진기법으로 새로운 아이디어를 도출하기 위해 의도적으로 적용할 수 있는 7가지 규칙을 의미한다. 사고의 영역을 일정하게 제시하여 구체적인 안들이 나올 수 있도록 유도하는 아이디어 창출법이다.

Substitute 대체하기 : 기존의 것을 다른 것으로 대체하는 것은 어떨까?
Combine 결합하기 : 두가지 이상의 것을 결합하면 새로운 것이 나올 수 있을

까?

Adapt 응용하기 : 어떤 성질이나 특징을 다른 것에 적용시키면 어떨까?

Modify 변형하기 : 대상의 특성이나 모양을 변형(확대, 축소포함)시키면 어떨까?

Put to other use : 다르게 활용하기 : 기존의 용도를 다른 것으로 활용하면 어떨까?

Elliminate 제거하기 : 대상의 일부분을 제거하면 새로운 것이 나올 수 있을까?

Reverse 뒤집기, 배열하기 : 기존 순서나 모양, 방법 등을 거꾸로 해보면 어떨까?

아이의 판타지 친구를 식구의 일원으로 받아들여 보자.

판타지 친구들의 장점

- 아이의 상상력을 다차원적 사고로 훈련시킬 수 있다.

- 판타지 친구들은 아이가 친밀하게 의논할 수 있는 동료처럼 행동한다.

- 애완동물처럼, 판타지 친구들은 자신을 항상 따르고 이해해준다.

- 판타지 친구들은 아이의 정서에 긍정적 영향을 줄 수 있다. 연구에 따르면, 인간의 두뇌는 상상으로 인지한 내적 이미지와 외부 세계를 눈으로 인지한 이미지에 동일하게 반응한다는 사실이 드러났다.

제7장
장애와 비범함 사이에서

앞에서는 영재들의 정서적 특징에 대해 다루었지만 이번 장은 아스퍼거 증후군, ADHD(주의력 결핍 장애), 자기애적 인격장애, 조울증(양극성 장애) 등 정신 병리에 대해 다루어 본다. 특히 아스퍼거 증후군과 ADHD는 그 증상이 영재의 일반적 행동과 유사하므로 이 부분을 좀 더 비중 있게 다루었다.

영재성과 정신질환

아이가 또래들과 어울리지 못하고 거의 혼자서 다닌다.

아이가 산만하고 사소한 것에 대해 너무 과잉된 반응을 보인다.

아이의 감정 기복이 너무 심하다.

아이가 너무 추상적이고 무거운 주제로 고민을 한다. 이게 정상인가?

위의 모습을 보이는 아이들은 모두 정신에 문제가 있는 걸까?

영재성과 정신질환에 대해 논할 때 주의할 점은 영재의 고유한 특성에 기반한 행동과 전통적 정신 병리 증상을 혼동해선 안 된다는 것이다. 혼동은 오진의 원인이 되기도 한다. 예를 들어 아이가 감정 기복이 심한 모습을 보인다면 어떨까? 심한 감정 기복은 조울증의 대표적 증상이므로 아이에게 조울증이라는 진단을 내려야 할까? 하지만 아이가 영재에 해당한다면? 영재들은 사고의 속도가 일반인보다 빠르고 짧은 시간 동안 자기에게 좋고 나쁜 여러 가지 기억들을 동시다발적으로 떠올릴 수 있기 때문에 감정 역시 순간적으로 극단을 오갈 수 있다. 하지만 이는 영재 특유의 인지적 작동의 결과이지 조울증(양극성 장애)와는 차이가 있다. 표면적 증상은 유사하지만 서로 다른 정신 작용으로부터 기인한 것이다.

마찬가지로, ADHD는 몸을 자꾸 움직이거나 어느 하나에 제대로 집중하지 못하는 등 매우 산만한 모습으로 나타나는데 이는 영재가 특정 대상에 대해 느끼는 정신 운동적 과흥분성(강렬한 호기심), 지나친 감수성, 특정 자극에 대한 극도의 예민성으로 인한 행동과 유사하며, 역시 오진의 가능성이 있다. 높은 지능과 통찰력으로 인해 겪게 되는 존재론적 고민은 외부의 시선에서 볼 때 우울증으로 보일 여지가 있다.

또한, 영재들은 높은 지적 능력을 바탕으로 어느 한 대상에 몰입하는 특징을 갖는데, 그 과정에서 주변의 것들에 대해 무관심해지고 타인과의 관계에 소홀해질 수 있다. 이러한 영재의 특성은 아이를 자폐적 성향을 가진 것으로 오해하게 만들 수 있다. (또래보다 높은 지적 수준 역시 원활한 인간관계의 걸림돌이 되기도 한다)

영재들의 일반적 상태가 전통적 정신 질환과 유사하므로 이를 명확하게 구분하기는 쉽지가 않으며, 실제로 영재인 동시에 정신 질환을 가지고 있는 경우도 존재한다. 이러한 영재를 2E 영재라고 한다. 2E는 'Twice Exceptional'의 줄임말로 영재 중에 특별한 장애를 가지고 있는 아이를 말한다. 영재에 해당하거나 특정한 정신 질환을 앓고 있거나 둘 중 어느 한 가지에만 해당하는 것도 드문 일인데, 이 두 가지 모두에 해당하는 것은 더욱 희소하다는 의미로 '두배로 예외적인(Twice Exceptional)'이라는 표현을 쓰는 것이다. 예를 들자면, 영재아가 난독증이 있거나, 아스퍼거 증후군이 있거나 ADHD가 있는 경우다. 이들이 일정한 장애를 가진 것은 사실이지만 영재로서의 재능은 역시 감춰지지 않는다.

일례로 난독증이 있는 영재아의 경우 구사한 맞춤법은 엉망진창이지만, 그 글 속에 담긴 생각과 아이디어에서는 해당 또래에게서는 기대할 수 없는 비범한 수준의 통찰력과 창의력이 엿보이기도 한다. (보통 사람들은 맞춤법과 같은 외견적인 요소에 의존해서 상대방의 지적 수준이나 배움의 정도를 판단하지만, 눈썰미가 있는 사람들은 그 이면의 것을 볼 줄 알 것이다)

한편, 가드너는 영재성과 장애를 조금 다른 차원에서 접근한다.

'각자무치(角者無齒)'는 뿔을 가진 자는 이가 없다는 뜻으로 한 사람이 모든 재능을 갖출 수 없음을 의미하는 사자성어다. 가드너는 각 개인은 우수한 분야와 그렇지 못한 분야가 존재할 수 있다고 했는데, 어느 한 분야에 대한 지능이 극단적일 경우 다른 분야의 지능의 원활한 작동을 가로막을 수 있다고 본 것이다. 예를 들어 공간지각능력이 극단적으로 발달한 피카소의 경우 숫자 '3'을 '수의 개념'이 아닌 '이미지'로 이해했을 가능성이 높다. 공간지능이 극단적으로 발달한 피카소가 논리 수학 지능이 요구되는 수학시험에서 높은 점수를 받기란 쉽지 않을 것이다. (실제로 피카소는 수학을 못 했으며, 고등학교 때 퇴학을 당했다.)

마찬가지로 망치를 든 철학자 프리드리히 니체 역시 25세에 고전 문헌학 교수가 될 만큼 엄청난 언어적 재능의 소유자였지만 수학에 대해서는 매우 젬병이었다.

정신장애가
천재성 발현에 걸림돌이 되는가?

    세상이 정상과 비정상을 나누는 기준은 보편성에 있으며, 보편성을 기준으로 볼 때 바보 나 천재나 비정상인 것은 마찬가지이다. 천재 중에 정신적 문제를 겪는 경우(2E 영재)가 많다는 이야기는 이미 오래전부터 회자되었다. 물론 천재들이 모두 정신 질환을 앓았던 것은 아니지만, 그러한 경우가 많다는 사실이 여러 학자를 통해 입증되기도 했다.

    안드레아센은 창의적인 유명인사들은 일반인보다 정서적 장애를 겪는 경우가 많다는 결과를 보고한 바 있다. 범죄심리 학자로 유명한 롬브로소 역시 천재성을 일종의 '복합적인 정신 이상 상태'로 보고 있다. 굳이, 고리타분한 학자들의 이름을 일일이 언급하지 않더라도 천재들이 정신 질환을 앓는 모습은 이미 영화와 대중 매체를 통해 대중들에게 친숙한 장면이 되었다. (물론, 이런 사람들이 실제로 우리 주변에 있다면 '천재'는커녕 '비호감'의 대상이 될 것이다)

하지만, 여기서 드는 의문은 정신 질환이 창조 행위를 하는 데 있어 방해 요소로 작용하지 않을까 하는 점이다. 상식적으로 볼 때 정신 질환이 있어서 잘 될 일은 무엇인가?

이에 대해 천재성의 발현과 정신장애 간 관계에 대해 분석한 김진영 박사의 연구에 따르면 정신장애와 최고 수준의 천재성은 공존 가능하다고 한다.

해당 논문에서 분석 대상이 된 인물들은 베토벤, 다윈, 아인슈타인, 미켈란젤로, 모차르트, 뉴턴 등 현재까지도 위대하게 여겨지는 천재들로 구성되어 있어서 매우 흥미롭다.

연구 결과에 따르면 이들의 정신장애 발병 시기가 재능이 최고조에 달해 최고 수준의 업적을 내놓았던 시기보다 앞섰다고 한다. 이는 정신장애가 최상의 결과를 내는 데 걸림돌이 되지 않음을 시사하는 것이다.

이처럼 정신장애를 가진 천재들이 최고 수준의 업적을 이루는 것이 가능했다는 사실은 한국의 영재교육에도 많은 시사점을 던져줄 수 있을 것이다. 정신장애와 영재성을 동시에 가진 2E영재들은 그저 사회적인 보살핌과 치료가 필요한 약자가 아니라 충분히 위대한 업적을 낳을 수 있는 존재들로 인식이 바뀌어야 한다.

여기에 한술 더 떠 정신질환이 창조성을 발휘하는 데 도움이 된다는 주장까지 나오고 있다. (창의적 영재들은 조울증, 우울증 같은 기분장애를 겪는 경우가 많으며 불안정한 마음과 모순적인 면모를 자주 보이는데, 이러한 요소들이 오히려 창조 활동을 촉진시킬 수 있다고 주장하는 학자들이 많다. 이에 대해서는 뒤에서 자세히 다루어본다.)

정신병리 진단명 자체가 아이에게 짐이 될 수도 있다.

이와 관련된 한 실험이 있다. 학습에 장애를 보이는 영재들을 두 그룹으로 나누어 한 그룹은 장애아를 위한 수업을 듣게 하고, 다른 그룹은 영재를 위한 특별 수업을 듣게 한 후 아이들의 자아개념을 테스트한 것이다. 실험 결과 자신들을 장애아로 규정지은 수업을 들었던 학생들의 경우 자아 개념이 낮게 나타났지만, 자신들을 영재로 규정지은 영재수업을 받은 학생들의 경우 자아 개념이 보통의 영재들과 비슷한 수준으로 나타났다. 이 실험 결과가 말해주는 것은 아주 명확하다. 아이의 장애보다는 재능에 초점을 두고 자신의 재능을 펼치게 하면 아이는 스스로에 대해 긍정적인 자아상을 형성할 수 있다는 것이다. 자신을 장애아로 취급하는 환경보다는 발전 가능성이 높은 영재로 대하는 환경에서 성공적으로 성장해나갈 수 있다는 것은 명약관화(明若觀火)다.

아스퍼거에 뿌리를 내린 독창성의 꽃

아스퍼거 증후군은 오스트리아의 소아과 의사인 한스 아스퍼거(1944)에 의해 처음 보고되었다. 아스퍼거 증후군은 유전적인 영향이 크며 여성보다는 남성에게서 많이 나타난다.

자폐증이나 아스퍼거 증후군에 해당하는 사람은 모두 대인관계에 어려움을 보이고 공감력이 부족한 사람처럼 보이며 사회적인 신호나 단서에 둔감해 눈치가 없는 사람으로 여겨지는 특징이 있다.

아스퍼거증후군에 해당하는 아이들의 특징

· 상호작용에 어려움을 보이며 상대방과 눈을 잘 맞추지 않는다.

· 말에 내포된 숨은 뜻을 이해하지 못한다. 말을 너무 액면 그대로 해석한다. 너무 솔직하게 이야기해 주변 사람들을 당황스럽게 할 수 있다.

· 분노, 즐거움, 슬픔 등의 감정을 강하게 표출할 때를 제외하고는 대체로 무

표정한 모습을 유지한다.

· 말을 너무 적게 또는 많이 하는 편이다. 조용하다가도 말이 아주 많아질 때가 있다.

· 융통성이 없고, 분위기 파악을 못 한다.

· 상대방의 표정과 말투에서 사회적 단서를 파악하는 것이 어렵고 비언어적인 표현을 해석하기 어려워한다.

· 똑같은 말을 반복하는 증상을 보인다.

· 친한 친구가 거의 없다. (또래와 관계 형성에 관심이 없거나 관심이 있어도 어렵다)

· 고집이 강하고 자기가 하기 싫은 것은 절대 안 하려고 한다.

잘못된 습관을 계속 지적해도 잘 고쳐지지 않는다.

· 특정한 대상 또는 취미에 비정상적으로 집중하고, 그 패턴이 다소 제한적이다.

· 상동적이고 반복되는 동작을 보인다.

· 자기중심적인 사고로 상대방의 입장이나 기분 등에 대해 관심이 없다.

· 현학적이고 어려운 단어를 사용하지만, 단어 활용방식이 부자연스럽다.

※ 아이가 단순히 자기중심적이고 내향적이라고 해서 자폐 스펙트럼으로 진단하는 일은 없어야 할 것이다. 전문가와의 상담을 통해 정확한 진단이 필요하다.

※ 2013년 미국정신의학회(APA)는 아스퍼거 증후군, 자폐증, 소아기 붕괴성 장애, 전반적 발달장애 등 4가지 형태의 정신장애를 자폐스펙트럼장애(ASD)라는 하나의 범주로 통합시켰다. 자폐증을 비롯한 여러 가지 장애들을 명확히 구분해 내는 것도 무리였고, 아스퍼거 증후군 역시 다른 장애들과 명확히 규명

하는데 어려움이 따랐기 때문이다. 따라서 아스퍼거 증후군은 현재 정식으로 사용되지 않는 질환명이며, 자폐스펙트럼장애라는 명칭을 사용하는 것이 지금으로서는 정확한 표현일 것이다. 하지만 기존의 연구에서는 자폐증과 아스퍼거 증후군을 그 증상과 개선 가능성에 따라 구분해서 사용했기 때문에 필자도 이에 대한 구분을 위해 해당 명칭을 사용하기로 한다.

하지만 자폐증이 극단적인(IQ가 70 미만에 해당하는 등) 지능 손상을 가져오는 것과 달리, 아스퍼거 증후군은(IQ 85 이상으로) 극단적인 지능의 손상까지 보이는 것은 아니다. 능력 간에 심각한 편차를 나타내기도 하지만 지능이 높은 경우 영재 수준(IQ 130 이상)에 해당할 수도 있으며, 이들 중에는 뛰어난 기억력과 언어 유창성을 보이는 경우도 있다. 이들은 변화하는 것들에 대해 상황 판단력이 부족하고 적응에 어려움을 많이 겪기 때문에 변화가 없는 안정적인 대상에 관심을 두는 경우가 많다. 예를 들어 문자, 기호, 숫자 등 고정적인 대상에 큰 관심을 두며 매우 탁월한 기억력을 발휘하는 일이 있다. 이 때문에 아스퍼거 증후군을 '고기능 자폐'라 부르기도 한다. 지능이 비교적 정상에 속하기 때문에 수행할 수 있는 사회적 기능의 차이도 자폐증과 확실히 다르다. 또한, 어느 한 가지 주제나 대상에 대해 깊이 있게 파고들며 방대한 지식을 습득하는 등 몰입의 행동 특성을 보인다는 점에서 영재 행동과 유사한 측면도 있다. 이에 따라 아스퍼거 장애와 영재 행동 간에 어떠한 유사성이 있다고 판단하는 학자들도 있다.

대표적으로 아인슈타인, 다윈, 뉴턴, 앤디 워홀, 비트겐슈타인, 미켈란젤로 등 이름만 대면 알만한 천재들이 아스퍼거 증후군을 앓았던 것으로 추정되며, 이들은 공통적으로 사교활동에 거리를 두는 등 고립된 생활을 한 것으로 전해진다. 뉴턴과 아인슈타인 전기를 참고해볼 때, 뉴턴은 타인에게 인사를 거의

하지 않고 말도 걸지 않았으며 부족한 사교성으로 얼마 있지도 않은 친구들에게 마저 공격적인 태도를 보였다. 아인슈타인은 어린 시절 학교에 적응을 못한 외톨이었으며, 7살 때까지 같은 몇 마디의 말을 계속 반복하는 증세를 보였다. 성인이 되어서는 사적인 대화에 어려움을 보였으며, 머리를 자르지 않고 항상 같은 옷만 입고 다녔다.(좁은 주제에만 집착하는 이들은 일상적인 것들에 서투르거나 별로 관심이 없다)

〈종의 기원〉을 써낸 찰스 다윈 역시 아스퍼거 증후군을 앓았을 것으로 추정되는데, 그는 사람들과 관계를 형성하는데 에러사항이 많아 어린 시절을 외톨이로 보냈다고 한다. 사람들을 만나는 것을 꺼려하여 편지로 대화를 주고받았으며 혼자서 비슷한 장소를 산책하는 것이 그의 주된 일상이었다. 조개껍데기, 새알, 암석과 광물, 곤충 따위를 집요하게 채집하는 등 자폐아 특유의 수집벽을 보이기도 했다.

이와 같은 천재들의 모습들은 자폐 스펙트럼 장애의 하나인 '아스퍼거 증후군'을 앓았을 것으로 추정하는 근거가 된다. 하지만 이들은 어떻게 아스퍼거 증후군에도 불구하고 독창성의 꽃을 피울 수 있었을까?

이들은 자신이 호기심을 느끼는 대상에 이해가 될 때까지 포기하지 않고 끝까지 매달렸다. 또한 다른 사람의 방식을 있는 그대로 답습하기보다는 자유롭게 사고하는 창의적 시도를 중요시했다. 일반인들은 따라올 수 없을 정도의 고도의 집중력과 인내력, 다른 사람들이 놓치기 쉬운 미세한 부분을 포착할 수 있는 능력 덕분에 위대한 학문적, 예술적 성취를 이룰 수 있었던 것이다.

이처럼 아스퍼거 증후군을 앓는 사람들은 사교성의 결여로 원만한 사회생활에 어려움을 겪지만, 상대적으로 발달한 논리력과 이성, 타인의 감정을 비롯한 주변의 상황을 무시할 수 있는 고도의 집중력 덕에 특정 분야에 대해 비범한 성과를 도출해낼 수 있었다. 그들의 인간성은 별로였을지 모르지만 우리는 그들이 남긴 결과물로 여전히 크든 작든, 알게 모르게 혜택을 보고 있다.

　실제로, 지능이 높은 사람들은 아스퍼거 증후군에 해당하지 않더라도 비사교적인 모습을 보일 가능성이 높다. 혼자서 행복을 느낄 수 있는 자기충족적 능력이 우수하기 때문이다. 싱가포르 경영대 교수 노먼 리와 진화심리학자인 가나자와 사토시가 BJP(영국 심리학 저널)에 발표한 내용을 보면 지능이 높은 사람은 친구가 적을 때 큰 만족감을 느낀다고 한다. 미국 18~28세 남녀 1만5천 명을 대상으로 IQ, 거주지역 인구밀도, 주변 사람들과의 친밀도 등을 반영해 행복도를 조사한 결과 IQ가 높은 사람만이 유독 "친구가 많을수록 행복하다"라는 통념과 반대되는 경향을 보인 것이다.

　지능이 높고 이를 활용할 여지가 있는 사람들은 좀 더 크고 멀리 있는 목표에 따라 움직이기 때문에 사교에 큰 힘을 쏟지 않는 경향이 있다. 이들은 사회적으로 '정상'의 모습으로 보여지기 위해서 그렇게 애쓰지 않는다. 똑똑한 사람일수록 한 분야에서 획기적인 업적을 남기고 싶어 하는 경향이 강한 것이다. 이들은 인생의 목표와 우선순위가 뚜렷하다. 다른 사람과 함께 맹목적인 사교 활동을 하기보다는 자신의 목표 달성을 위한 과업에 매진하는 편이 더욱 행복할 것이다. 물론, 학문적 성취의 효율을 위해서는 네트워크와 협력도 필요하지만, 이는 어디까지나 사교적 특성보다는 지적인 특성이 더 많이 작용하는 것이다.

아스퍼거와 영재 구분하기

영재인 동시에 아스퍼거 증후군에 해당하는 아이도 있지만, 아스퍼거가 아닌 일반 영재아도 지적 수준의 차이에 따른 소통의 어려움을 겪을 수 있다. (특히, IQ 145 이상의 고도 영재들은 학교에서 부적응할 가능성이 높다) 아이들은 상호작용의 수단으로서 게임이나 놀이를 통해 서로의 사상을 교류하고, 관계가 지속해서 발전하게 되지만 영재가 만든 새로운 놀이 방법이나 규칙은 너무 복잡하고 어렵다. 또한, 구사하는 문장력이나 어휘 수준에서도 또래들과 큰 격차를 보인다. 이와 같은 요소들은 또래들과 원활한 의사소통을 저해하는 장벽으로 작용할 소지가 있다. 이처럼 수준 높은 어휘를 구사하는 영재의 모습은 아스퍼거 증후군 아이에게서도 발견되며, 영재들의 몰입의 특성 역시 혼자서 특정 대상에만 계속 몰두하게 만들기 때문에 사회적 신호에 둔감한 것처럼 보이게 만든다. 이런 영재를 바라보는 부모나 교사는 충분히 당황할 수 있다.

사실, 영재와 아스퍼거를 정확히 변별하는 것은 어려울 수 있다. 서로가 명확하게 구분될 수 있는 하나의 범주라기보다는 점층 관계일 수 있는 것이다. 특정한 성향들이 얼마나 크고 작냐에 따라 일반 영재, 아스퍼거, 아스퍼거 영재로 구분하는 경향이 있으며, 같은 아이를 두고도 전문가마다 다른 진단을 내리기도 한다.

영재와 아스퍼거 간의 유사성
-특정 사건과 지식에 대해 우수한 기억력을 보인다.
-비동시성 발달을 보인다. (지적 능력은 우수하지만, 사회적·정서적으로는 미숙)
-사용하는 어휘의 수준이 높고 언어 유창성을 보인다.
-특정한 분야에 대해 과한 몰입의 행동을 보인다.

이처럼 영재성과 아스퍼거 증후군은 외부의 시각으로 볼 때 유사한 부분이 많아 그 판별이 쉽지만은 않다. 하지만 일반적인 영재아와 아스퍼거 증후군 아이를 구분할 수 있는 방법은 없는 것일까? 하지만 다음과 같은 점에서 영재아와 아스퍼거 증후군 아이는 차이를 보이니 잘 알아두자.

첫째, 정보의 융합과 적용에 있어서의 차이
아스퍼거 증후군에 해당하는 아이는 총체적인 정보보다는 지엽적인 정보만 처리하는 경향이 있으며, 세부적인 정보를 융합하여 총체적인 의미를 구성해내는 능력이 부족하다. 그 때문에 단편적인 정보를 암기하고 기억하는 데는 우수성을 보일 수 있지만, 축적된 지식을 구체적인 상황과 개별적인 변수에 따라 적절한 형태로 적용시키는 데는 어려움을 보일 수 있다.

둘째, 은유적 표현과 사회적 상황에 대한 대응력 차이

아스퍼거 아이들은 현학적인 어휘를 사용하기 때문에 유식해 보이지만 정작 말에 이음매가 없고, 그 활용이 부자연스럽다. 또한 사회적 단서들을 통합하지 못하기 때문에, 은유적 표현의 이해와 활용에 어려움을 보일 수 있다. (문장에 숨겨진 의미를 해석하지 못하고 문장을 액면 그 자체로만 이해하는 경향이 있다)

이러한 특성은 사회적 상황에 대한 이해의 부족과 함께 또래로부터 일명 왕따를 당하게 되는 주요 원인이 되기도 한다.

셋째, 자기인식능력과 타인의 정서에 대한 통찰력의 차이

영재아는 자신과 지적 수준이 유사하거나 비슷한 흥미를 공유하는 사람들과는 상대적으로 정상적 대인관계를 유지할 수 있다. 타인의 생각과 감정을 이해할 수 있는 통찰력을 지니고 있으며, 대부분의 상황에서 적절한 감정을 유지할 수 있다. 또한 충분한 자아 인식 능력이 있어 타인이 자신을 어떻게 지각하고 있는지, 자신이 타인에게 어떠한 영향을 주는지 잘 인식할 수 있다. 어휘의 단순 암기는 물론 사회적 상보성이 함유된 유머와 은유적 표현을 이해하고 활용하는 것에도 문제가 없다.

반면, 아스퍼거 아이들은 자신과 비슷한 관심사를 보이는 아이들과도 관계를 유지하는데 어려움을 보일 수 있다. 친구들의 성향에 상관없이 일관적으로 대인관계에 서투른 모습을 보이는 것이다.

영재아가 아스퍼거에 해당하는 경우도 있겠으나 단순히 지적인 수준과 관

심 분야의 차이로 관계적 문제를 겪는 경우라면 자신과 지적 수준 및 관심 대상이 유사한 학생들 사이에서는 다시 관계를 맺고 유지하는 데 별 어려움을 보이지 않을 것이다. (실제로, 또래와의 관계에서 이질감을 느끼는 영재아들은 자신보다 나이가 많은 상급생이나 어른들을 상대로 대화나 놀이를 시도하는 경향이 있다)

영재이면서 아스퍼거인 경우

아스퍼거 증후군에 해당하여 문제 행동을 보이는 영재들의 경우 영재성 때문에 장애가 쉽게 간과되는 측면이 있다. 아이가 또래들과 잘 지내지는 못하지만, 학업 성적이 양호하고 똑똑하기 때문에 별문제가 없다는 식으로 대수롭지 않게 넘어간 것이다. 하지만 IQ가 높지만 사회성이 떨어지며 친구들 사이에서 괴짜로 취급받는 영재들은 아스퍼거에 해당할 가능성이 있다. (나이가 어린 아스퍼거 영재는 단지 사교적 기술이 부족해서 사람들과 원만하게 지내지 못하는 것처럼 보일 수 있지만, 장차 성장하게 되면 그 원인이 단순한 '사교적 기술' 부족에 있지 않다는 것을 깨닫게 된다)

앞에서는 영재들의 '비동시적 발달'에 대해 살펴보았다. 다시 설명하자면, 지적인 측면에서는 또래들보다 훨씬 월등하지만 사회, 정서적으로는 상대적으로 미숙한 모습을 보이는 것이다. 그리고 아스퍼거를 가진 영재들은 이러한 비동시적 발달이 더욱 극단적으로 나타날 수 있다. 이 때문에 이들의 행동은 더욱 부자연스럽고 이상해 보인다.

예를 들어 아스퍼거 영재는 어느 영재아들처럼 특정 주제에 몰입할 줄 알며, 아는 것이 많고 실제로 똑똑하지만, 대화 주제가 지나치게 하나로 편중되는 문제를 보인다. 친구들의 표정이나 말투가 이야기를 그만 듣고 싶다는 신호를 표출함에도 그것을 무시하고 계속 같은 이야기만 하는 것이다.

지능이 우수하기 때문에 자신의 행동이 타인에게 어떠한 영향을 줄 수 있는지 인지하는 것 자체는 문제가 없지만, (자기중심적 사고와 과도한 몰입으로 인해) 주변 사람들에게 관심 자체가 없을 경우 이러한 눈치 없는 행동을 보일 수 있다.

또래들 사이에서는 '똑똑하지만 좀 꺼려지는 친구'로 통하게 되며 해당 분야의 지적 도움이 필요할 때는 영재 친구를 가까이하지만, 사교적 교류에서는 영재아를 멀리하게 된다. 영재아는 성장 과정에서 점차 친구를 사귀는 것에 어려움을 느끼고, 심한 경우 상처가 누적되어 사람들을 멀리하는 모습을 보일 수 있다. 많은 사람과 협업을 해야 하는 업종에 종사할 경우 부적응할 수도 있다.

하지만 수학, 과학 등 체계적인 학문 분야와 연구원처럼 어느 한 가지에 전문적으로 집중할 수 있는 직종이라면 성공적인 결과를 맞이할 수 있다. 앞에서는 찰스 다윈의 사례를 다루었지만, 또 다른 사례로 1980년대부터 실리콘밸리에 아스퍼거 증후군 환자가 급증한 사실을 들 수 있다. 캘리포니아 실리콘밸리 지역은 IT산업이 발달한 지역으로 대인관계를 못하고 한 가지에 몰입하지만, 지능은 보통 이상으로 우수한 아스퍼거 인들이 컴퓨터 프로그래밍이나 수학에 두각을 나타내기 용이한 곳이다. 아스퍼거 영재가 보이는 일상의 문제들을 보완하여 매끄러운 사회생활을 할 수 있도록 지도하는 것도 중요하지만 아이를 너무 잘못된 것으로만 간주하거나 특정한 환경에 끼워 넣으려고 하지는 말자. 스티브 잡스는 자유란 한 가지에 몰두할 수 있는 것이라 했다. 이것저것 다 얽매이다 보면 자유롭지 않아지니 불필요한 건 없애는 주의다. 오히려 아스퍼거 증후군이 재능이 될 수 있는 분야 및 사회적 환경도 존재한다. 아스퍼거 증후군이 있는 영재들이 어느 하나에 제대로 몰입하면 굉장한 업적이 뒤따르는 경우가 많으니 알아두길 바란다.

아스퍼거 아이 지도하기

아스퍼거 증후군을 앓고 있는 아이들은 바디랭귀지와 목소리 톤의 미묘한 점을 이해하지 못하는 경우가 많기 때문에 특히 사회적 상호작용을 어렵게 생각한다. 아이들에게 사회적 단서와 바디랭귀지를 올바르게 식별하도록 가르치는 것은 매우 중요하다. 이러한 아이들은 사회적 상호작용을 지배하는 사회적 규범을 배우고 실천하는 데 시간을 할애할 필요가 있다. (이것은 적절한 사회적 거리를 유지하고 눈을 마주치는 것을 포함한다) 특히, 비문어적 언어를 이해하는 것도 중요하다. 이것이 일상적 상호작용의 큰 부분을 차지하고 있기 때문이다.

화내거나 함부로 체벌하지 않는다.

아이의 부적절한 행동에 대해 화를 내거나 체벌을 하게 되면 아이의 자존감이 훼손되며, 결과적으로 긍정적 자아상 형성에 걸림돌이 될 수 있다. 또한 사람들 사이에서 스스로를 부자연스럽게 위축시키는 행동 경향이 짙어질 수 있다.

또래들 사이에서, 선후배 사이에서, 어른들 사이에서 보이는 아이의 문제 행동을 관찰하고 여러 가지 상황에서 제대로 대응할 수 있도록 사교적 기술을 가르쳐 준다. 특히, 다른 사람이 싫어하는 것을 기억하게 하고, 자신의 행동이 타인 입장에서 어떻게 보일 수 있는지 반복적으로 설명하고 이해시킨다.

상대방의 말이 내포하고 있는 진정한 의미를 이해할 수 있도록 지도한다. 같은 말이라도 특정 상황마다 다르게 해석될 수 있으므로, 이러한 것들을 사람들의 표정, 억양, 구체적 상황에 따라 정확히 파악하고 대응할 수 있도록 지도한다. 보통의 아이들에겐 너무나 당연한 것들이 아스퍼거 아이에겐 어려울 수 있음을 알아야 한다.

아이가 학교에서 어떠한 행동을 보이는지 학교측(담임 교사)과 협력하여 가정에서 놓칠 수 있는 부분들을 파악하고 아이의 성향에 맞게 행동 개선을 시도하는 것이 좋다.

ADHD(주의력 결핍장애)에 깃든 혁신성

ADHD는 어린 시기부터 나타나며 주의력 결핍이나 과잉행동, 충동성을 주 증상으로 보인다. 과잉 행동의 증상은 몸을 자꾸 비틀거나 팔다리를 흔드는 등 산만한 모습으로 나타나며, 충동성은 행동을 억제하는 능력의 결여로 나타난다. 예를 들면 질문이 끝나기도 전에 대답을 불쑥한다든지 다른 사람의 대화에 불쑥 끼어드는 모습을 보이는 것이다.

ADHD 아동이 학교에서 보이는 행동 특징

· 일 처리에서 부주의한 실수를 자주 저지름

· 손발을 가만두지 않거나, 자리에 가만히 앉아 있지 못함

· 주의 산만이나 충동성에 의해 교사의 지시나 학교 규칙을 잘 어김

· 학용품, 우산, 준비물 등 과제나 활동에 필요한 것을 자주 잃어버림

· 충동적인 행동으로 일을 극단적으로 처리하는 경향이 있음

· 질문이 끝나기도 전에 불쑥 대답하며, 타인의 대화에 자주 끼어드는 모습을 보임

· 쉽게 싫증을 내고 집중력 결여로 과제의 수행 속도가 느림

· 학교성적이 저조하거나 성취도의 변동이 심함

하지만 아이가 위의 증상을 보인다고 해서 ADHD로 쉽게 진단을 내릴 수는 없다. 왜냐하면 충동적이고 산만하다는 것은 아이가 자라는 중에 보일 수 있는 정상적인 모습이기도 하기 때문이다. 모든 상황에서 100% 집중할 수 있는 사람은 없다. 정확한 진단을 위해서는 정신과 전문가들과 상담을 받아보는 것이 좋다.

하지만 아이가 정말로 ADHD로 진단을 받는다면?

물론 ADHD는 평범함의 범주에서 벗어나는 경우가 많아 원만한 사회생활과 적응을 위해서는 치료가 필요할 것이다. 하지만 필자는 ADHD 아이들을 아프고 부족한 대상으로만 보지 말고 그들만의 특별한 능력을 발견하고 키워줄 것을 권하고 싶다. ADHD 아이들은 (두뇌 세포 간의 연결 유형이 달라) 보통 사람들보다 주의력이 부족하고 산만하며, 의사소통의 결함 등의 문제를 보일 수 있지만 같은 이유로 다른 사람들이 갖지 못한 창의력이나 특정 분야에 대한 통찰력을 발휘하는 경우도 많다.

실제로 ADHD 성향을 갖고 있던 사람 중에는 세기의 천재라 불리는 사람들이 꽤 많다. 음악의 신동이라 불리며 오늘날 사람들에게 큰 자극과 영감을 준 모차르트, 오늘날의 수많은 전기 문화를 창조한 위대한 발명가 에디슨, 20세기 물리학을 주도한 천재의 대표적인 아이콘 아인슈타인, 조형에 큰 변혁을 일으키고 20세기의 미술사를 주도한 독창성의 천재 피카소 그 외 레오나르도 다빈

치, 짐 캐리, 라이언 고슬링, 셀마 헤이악, 마이클 펠프스 등을 비롯해 빌 게이 츠나 조지 워싱턴 부시 같은 글로벌 리더도 있다.

그렇다는 건, ADHD를 가진 사람들을 꼭 무엇인가 결여된 상태, 잘못된 상 태로만 보아야만 하는지 의문이 생기게 된다. ADHD 집단은 문제해결에서 높 은 창의성과 더 많은 이미지를 사용한다는 보고도 있다. 사이몬톤은 자신의 분 야에서 뛰어난 성취를 보이는 이들의 인지 과정은 보통 사람들과 확연히 다르 다고 주장한다. 일반인들은 사물의 형태를 단순히 외형적으로만 분류하고 불 필요한 정보들은 곧 망각하지만, 창의적인 사람들은 선택적 지각과정 없이 본 질에서 벗어난 부분까지 받아들일 수 있으며, 항상 새로운 정보나 단서에 대해 개방적이다. 이 때문에 외부 자극에 쉽게 흥분하고, 지속적인 주의 집중에 어 려움을 보이는 것인데, 이것이 바로 ADHD의 주요 진단 기준이 되는 것이다. (확산적 사고가 일반인보다 매우 발달해 있다고 볼 수 있다)

또한, 이들은 특정 분야에 대해 일반인보다 가공할 만한 집중력을 발휘할 수 있다. 물론 ADHD를 가지고 있다고 해서 모두 천재가 되는 것은 아니지만 신 기하게도 이들은 자신들이 흥미를 느끼는 일정 분야에 대해서는 박학다식한 지식을 보유한 경우가 많다.

단지, 사회에서 부자연스러운 행동을 보이기 때문에 이들에게 '장애'라는 프 레임을 씌운 것일 수도 있다. 정상과 비정상을 나누는 기준은 '보편성'에 있다.

아이의 원활한 사회생활을 위해 정도가 심한 행동은 수정할 필요가 있지만, ADHD에 대한 특이성은 존중해줄 필요가 있다. 아이가 어떻게 성장할지는 아 이가 가진 기본적인 능력도 중요하겠지만 어떤 환경에서 어떤 경험을 하며 성 장하는지가 더 중요하다. 아이의 관심 분야를 찾아주고 재능을 발휘할 수 있도 록 도와주자. 그러면 보통 아이들보다도 월등히 높은 창의력과 집중력을 발휘할 수 있을 것이라 믿어 의심치 않는다.

우리는 주로 ADHD의 부정적인 측면에 대해서만 알고 있다.

이들은 싫증을 잘 내며 충동적이라고 알려져 있으며 경우에 따라 공격성까지 보이기도 한다. 하지만 ADHD에는 새로운 것을 두려워하지 않고 도전하게 만드는 혁신의 잠재력도 내재되어 있음을 알아야 한다. 이는 전통과 관습을 벗어나 모험정신으로 혁신을 주도하는 기업가 정신과도 같은 것이다. 실제로 창업가나 프리랜서로 활동하는 사람들 중에 ADHD를 갖는 경우가 많다.

ADHD와 영재 구분하기

ADHD와 영재아는 호기심이 강하고 쉽게 흥분한다는 점에서 매우 유사한 측면을 보이며, 그러한 아이를 바라보는 부모는 혼란이 생길 수 있다. 하지만 ADHD와 영재아들은 다음과 같은 측면에서 차이를 보인다.

첫째, 과흥분성의 지속성과 방향성에 차이가 있다.

정신 운동적 과흥분성을 보이는 아이는 한시도 가만있지 못하고 말을 너무 빨리하며, 하나에 몰두하면 다른 사람의 말조차 들리지 않을 만큼 정신 전환이 잘 안 된다. 뭔가 새롭고 유별난 것을 접할 때 정서적으로 너무 쉽고 강렬하게 흥분하는 것이다. 이처럼 영재나 ADHD에서 보이는 과흥분성은 매우 비슷해 보인다. 이러한 공통점 때문에 ADHD와 영재의 구분이 쉽지 않으며 진단에 혼란을 초래할 수 있다.

이럴 경우 영재와 ADHD를 구분하는 기준은 문제 행동의 '지속성'에 있다.

영재들의 경우 문제가 되는 특정 행동이 자신의 호기심을 자극하는 특정한 상황에서만 나타난다. 반면 ADHD에 해당하는 아동은 특정한 상황과 관계없이 대부분의 일상에서 문제적 행동을 나타낸다. 이처럼, 영재 아동이 보이는 과흥분성은 대체로 특정성과 방향성이 있는 반면 ADHD의 과흥분성은 다소 범 상황적이고 무작위적인 경우가 많다.

둘째, 집행기능의 차이

영재아들은 외부 자극을 스스로 통제하고 조절할 수 있는 집행기능이 우수하다. 외부 자극에 강한 흥분을 느끼지만, 그것을 적절한 방향으로 통제할 수 있다는 뜻이다. 반면 ADHD 아이들은 자기 억제나 조절이 쉽지 않다. 그로 인해 외부 자극에 대해 충동적인 행동을 하기 쉬운 것이다. ADHD는 IQ가 특별히 떨어지는 것도 아니며 인지적 능력에 큰 문제가 있는 것은 아니다. 하지만 집행 능력의 부족 때문에 관념적으로 알고 있는 것을 실생활에서 적절한 방법으로 풀어내지는 못한다. 그리고 여기서 오해가 생긴다. 아이가 분명 지시사항을 알고 있는데도 엉뚱한 행동을 하는 것을 보면 부모나 교사들은 아이가 반항한다고 오해하는 것이다.

(영재아나 ADHD 아동은 모두 외부의 지시를 잘 따르지 않고 교사나 부모의 지시를 잘 이행하지 않는 특징이 있다. 영재아의 경우 지시에 대한 판단 과정을 통해 거부감을 드러내지만, ADHD 아동은 단순한 부주의나 충동성으로 인해 규칙을 어기는 경우가 많다. 외부의 다른 자극에 집중력이 분산될 경우 부모의 지시를 제대로 인지하지 못할 수 있다. 설령, 지시를 인지했더라도 충동성으로 인해 규칙을 어기기가 쉬운 것이다) 하지만 집행 능력의 부족은 교육과 훈련을 통해 충분히 극복할 수 있는 문제다. ADHD 아동이 선택적 집중력을

발휘할 대상을 발견하고 실행능력만 보완할 수 있다면, 매우 창의적이고 혁신적인 발상을 해내는 혁신가가 될 수도 있다. 앞에서 살펴보았듯이 ADHD 진단을 받았지만 이것을 잘 극복하여 한 분야의 혁신가, 리더, 천재가 된 경우는 얼마든지 찾아볼 수 있다.

영재이면서 ADHD인 경우

영재와 ADHD는 명확히 구분하는 게 쉽지 않을 수 있다. 영재 중에는 ADHD를 동반하는 경우가 흔하다. (영재들 중 1/10이 ADHD라는 보고도 있다)

ADHD 증상을 보이는 영재들은 수업 시간에 산만한 모습을 보이지만 시험을 보면 다른 아이들보다 높은 점수가 나오기도 한다. 하지만 일반적인 영재들과 달리 ADHD 영재의 경우 집중력의 편차가 심한 편이기 때문에 학업 성취도가 불안정하다. 특히 지능검사에서 본래 지적 능력보다 낮은 수준의 결과가 나오기도 한다. 때문에 ADHD 영재의 경우 ADHD에 영재성이 가려져 영재로 발굴되지 못하는 경우가 많으니 부모는 이 점을 주의할 필요가 있다.

ADHD 아이를 둔 부모가 주의할 점은 아이의 영재성을 간과하지 않는 것이다. 만약 아이가 ADHD를 가진 영재로 판명된다면 ADHD보다는 아이의 재능 계발에 초점을 둘 것을 권한다. 너무 치료에만 집중하면 본래 타고난 영재성을 개발할 기회를 놓칠 수 있기 때문이다. (어린 시절 수학 영재였던 스티브 잡스 역시 ADHD 증상이 있었다)

아이가 제대로 몰입할 수 있는 대상을 찾아 주는 것이 중요하다.

수영의 황제 마이클 펠프스도 ADHD라는 사실을 알고 있는가? 펠프스는 ADHD를 극복하기 위한 수단으로 수영을 선택했다. 마이클 펠프스는 그 어떠한 것에도 집중을 못 한다는 평을 들었을 만큼 산만한 아이였고, 7세에 ADHD 판정을 받아 약물을 복용하기에 이른다. 하지만 그는 7학년이 되던 해에 수영을 통해 자신의 충동성과 공격성을 컨트롤하겠다고 선언하면서 약물 복용을 중단하고 만다. 결국 그는 자신과의 약속을 지켜냈으며 이 경험은 올림픽 개인전 12관왕을 달성케 하는 원동력이 되었다. 그의 비결은 단순하다. 펠프스는 자신에게 필요한 부분에서 선택적 집중력을 발휘한 것이다. 그는 1년에 365일 훈련에 매진했으며 매일 물속에서 6시간씩 보냈다. 수영장에서 발견한 자신의 강점을 선택적 집중을 통해 습관으로 발전시켰고, 그 습관은 그의 삶을 바꾸어 놓았다.

마찬가지로 아이의 재능과 흥미가 수학에 있다면 도전할 만한 수학 과제를 제공해주고 적절한 속진 학습을 시키는 것이 좋다. 그러면 아이는 자신의 강점인 수학적 재능을 더욱 갈고닦을 수 있고, 동시에 집중력이 향상되며 충동적인 행동도 차츰 안정적으로 변해갈 것이다. 즉, 아이의 장점 계발과 장애의 치료를 꼭 별개의 문제로 치부할 필요는 없다는 것이다. ADHD 아이의 좋지 않은 습관은 고칠 필요가 있지만, 아이의 재능 계발을 절대로 소홀히 해서는 안 되며 아이가 자신의 재능에 대해 자신감을 갖도록 유도해야 한다.

ADHD + 높은 IQ = 우수한 창의성

우수한 창의성의 발현을 위해서는 확산적 사고와 수렴적 사고가 고루 발달해야 한다.

ADHD를 가진 사람들은 일단 확산적 사고에 능하다. 확산적 사고는 사물을 다각도로 바라보고 다양한 단서를 지각하며 다양한 해결책을 모색하는 능력과 관련이 있다. 사물의 지각에 있어 일정한 형식과 틀에 얽매이지 않는 능력이다.

하지만 아무리 다양한 정보를 지각해낼 수 있다고 해도 각 정보를 분석하고 아이디어를 통일할 수 있는 능력, 적절한 대안을 선택할 수 있는 능력(수렴적 사고)이 부족하다면 우수한 창의성의 발현은 기대할 수 없을 것이다.

그리고 IQ(지능지수)가 바로 주어진 단서를 통해 가장 적합한 해결책이나 답을 모색할 수 있는 수렴적 사고와 관련이 있다.

이러한 점들을 고려해 볼 때 ADHD아동이 높은 IQ까지 보유하고 있을 경우 그만큼 높은 창의적 잠재력을 갖는다고 해석할 수 있다.

ADHD 아이 지도하기

ADHD 아이들은 충동성 때문에 자기 조절이 쉽지 않다. 자신의 일을 계획하고 실행하는 능력이 제대로 작동하지 않는다고 생각하면 된다.

따라서 단편적인 지시만으로 아이를 지도하기보다는 구체적인 예시나 사례를 통해 지시하고, 시키는 일에 대해 흥미를 느끼도록 조정해 주며, 일을 진행하는 중간마다 칭찬을 해주는 것이 효과적이다.

ADHD를 앓고 있는 아이들을 바쁘게 하여 문제를 피하라

ADHD를 앓고 있는 아이들의 경우, 한가한 시간은 그들의 증상을 악화시키고 집에 혼란을 일으킬 수 있다.

자녀에게 스포츠, 미술 작업 등 집중력을 발휘할 수 있는 취미 생활을 찾아주자. 아이가 자신의 에너지를 집중적으로 투여할 수 있는 분야를 발견한다면 점차 집중력이 향상되고 심적인 안정도가 높아질 것이다. 나중에는 자신의 충동성과 산만함을 스스로 통제할 수 있는 수준으로까지 나아갈 수 있다.

명확한 기대와 규칙을 설정한다.

ADHD를 앓고 있는 아이들은 그들이 이해하고 따를 수 있는 일관된 규칙을 필요로 한다. 변수가 너무 많거나 복잡한 규칙은 피하는 것이 좋다. 가족의 행동 규칙을 간단하고 분명하게 하자. 규칙을 적어서 아이가 쉽게 읽을 수 있는 곳에 걸어 두고 충분히 인지할 수 있도록 하자.

ADHD를 앓고 있는 아이들은 특히 보상과 결과의 조직화된 시스템에 잘 반응한다. 룰이 지켜질 때와 깨질 때 어떤 일이 일어날지 설명하는 것이 중요하다.

한 번에 많은 보상을 하지 말고 작지만 빈번한 보상을 활용하라

ADHD 아이 입장에서는 시간이 별로 걸리지 않는 간단한 과제라도 한 번에 끝내지 못할 수 있다. 중간에 다른 자극으로 집중력이 분산될 수 있다. 부모가 지시한 일을 하다 말고 다른 곳에 가 있을 수 있다. 이때 아이가 주어진 과제를 다 끝낼 때까지 무작정 안내하고 기다리기보다는 중간마다 적극적인 피드백과 보상을 활용하는 것이 좋다. 과제의 난이도나 진행 상황에 따라 조그만 성취에도 적극적인 반응을 보여주자.

보상으로 아이가 좋아하는 간식을 주거나, 칭찬받을 때마다 스티커를 주어서 그것이 일정량 모이면 원하는 장난감을 사주는 것도 좋다.

즉각적인 보상이 더욱 자극적이지만, 큰 보상으로 이어지는 작은 보상 또한 효과가 있을 수 있다. 단, 보상의 방식을 가끔씩 바꾸는 것이 좋다. 보상이 항상 같다면 ADHD를 앓고 있는 아이들은 지루해하기 때문이다.

물론, 아이가 부적절한 행동을 하거나 부실한 과제 수행을 할 경우 부정적인 피드백을 해주는 것도 필요하다. 하지만 부정적인 반응은 가능한 적게 하면서 적절한 행동과 과제 완성에 대해 찬사를 보내는 쪽에 초점을 맞추는 것이 좋다. 보통의 아이라면 당연하게 기대할 수 있는 작은 성과에 대해서도 아이를 칭찬하라.

운동을 장려한다

조직화된 스포츠와 다른 신체 활동들은 이들이 건강한 방법으로 에너지를 얻고 특정한 움직임과 기술에 집중하도록 도울 수 있다. 신체 활동의 이점은 무궁무진하다. (집중력을 향상하고, 우울증과 불안을 줄이며, 뇌 성장을 촉진시킨다) 그러나 주의력 결핍증을 가진 아이들에게 운동이 주는 가장 큰 장점은 (부족할 수 있는) 수면을 적절히 유도한다는 점이다.

충분한 수면을 유도하라

ADHD를 앓고 있는 아이들은 자극에 의한 주의력 문제 때문에 적절한 숙면을 취하지 못하는 경우가 있다. 일관되게 일찍 잠자리에 들게 하는 것이 수면 부족을 해결하는 가장 기본 전략이지만, 문제를 완전히 해결해 주지는 못할 것이다.

이때는 다음의 사항을 고려해 보는 것이 좋다.

-아이의 식단에서 카페인을 줄인다.

-잠자기 전에 한 시간 정도 활동 수준을 낮추는 활동을 활용한다. (색칠, 독서 등)

-10분 동안 아이를 껴안는다. 이것은 사랑과 안정감을 쌓을 뿐만 아니라 아

이가 진정할 수 있는 시간을 제공해 준다.

-아이 방에 라벤더나 다른 방향제를 사용한다. 이 향기는 아이를 진정시키는 데 도움이 될 수 있다.

-잠이 들 때 아이를 위한 배경 소음으로 ASMR(일종의 백색소음)을 사용하라. 유튜브에는 자연음향과 잔잔한 음악을 포함한 많은 종류의 동영상이 있다. '백색 소음'은 ADHD 아동들의 마음을 진정시켜 줄 수 있다.

규칙적인 식생활을 지도하자

ADHD를 앓고 있는 아이들은 규칙적으로 먹지 않는 것으로 악명이 높다. 부모의 지침이 없다면, 아이의 신체적, 정서적 건강에 치명적일 수 있다.

아이를 위해 영양가 있는 식사나 간식을 준비하여 건강에 좋지 않은 식습관을 예방하자. 인공색소나 인공향료가 있는 음식은 피하는 것이 좋다.

아이의 인간관계에 도움을 주라

ADHD를 앓고 있는 아이들은 종종 간단한 사회적 상호작용을 하는데 어려움을 겪는다. 사회적인 단서들을 읽느라 고군분투하고, 말이 너무 많거나, 타인을 자주 방해하거나, 공격적이거나 '너무 강렬하다'고 말할 수도 있다. 이러한 행동양식은 이들을 또래 아이들 사이에서 비우호적인 놀림의 대상으로 만들 수 있다.

내가 제일 잘나가!
영재들의 자기애적 인격장애

　자기애적 인격장애는 우리에게 나르시시즘으로 더 잘 알려져 있다. 자기애적 인격장애를 가진 사람들은 무한한 성공욕으로 가득 차 있고 주위 사람들로부터 존경과 관심을 끌려고 애쓴다. 자기 자신은 대단히 특별한 존재라고 생각하며, 또 반드시 그래야만 한다고 생각한다. (특히, 자아가 강한 영재들의 경우 극단적인 자기애적 성향으로 나아가지 않도록 조심해야 한다) 이들은 자신에 대한 가장 이상적인 모습을 만들어 놓고 주변 사람들이 그 각본대로 따라 움직여 줄 것을 기대하고 있다. 때문에 타인이 자신을 어떻게 평가하고 있는지에 대해 매우 예민할 수밖에 없으며, 자신의 능력이 부정당하는 것은 곧, 자신의 모든 것이 부정당하는 것과 같게 된다.

　자기애적 인격장애는 허영심 강하고 콧대 높은 역사 속 천재들에게서도 쉽게 찾아볼 수 있다. 내면이 과잉된 자의식으로 점철된 기괴한 천재 루소는 사람들과 어울리지 못하고 외톨이로 겉도는 삶을 살았다. 모든 사람이 자신을 상대로 모략을 꾸민다고 믿는 박해 망상에 시달렸으며, 주변의 거의 모든 사람을 자신의 적으로 간주했다.

베토벤은 천상천하 유아독존으로 유명했다. "이 세상에 왕족은 많지만 베토벤은 오직 나 하나뿐이다." 라는 말을 왕자에게 남길 만큼 안하무인 격 태도를 보인 그였다. 부알로(프랑스의 풍자 시인, 비평가)의 경우 남이 칭찬받는 것을 곧 자신의 재능에 대한 모욕으로 치환해버리는 피해망상을 보였다. 심지어 염세주의 철학자로 유명한 쇼펜하우어마저 세상으로부터 인정받고자 하는 욕구가 대단히 강했다. 쇼펜하우어는 자신의 이름을 잘못 쓴 채권자들에게 분노해서 그들에 대한 변제를 거부한 일이 있었으며, 다른 학자들이 자신의 철학을 깎아내리려 한다는 피해망상에 시달려 곧, 잘 흥분하곤 했다. 특히, 헤겔이라는 엉터리 철학자 때문에 자신이 주목받지 못한다고 여겨 헤겔을 매우 싫어하였다고 한다.

이처럼, 천재들의 과잉된 자의식과 병적인 허영심이 이들을 자기 잘난 맛에 사는 망상증 환자로 만들어 버렸다. 자의식이 강한 영재들은 자신에 대한 비판에 매우 신경질적이고 과격한 반응을 보일 수 있다.

하지만 영재들에게 자기애적 성향이 너무 없어도 곤란하다. 자기애적 성향은 혁신과 창조로 연결될 수 있다는 점에서 천재들에게 무조건 나쁘게만 작용한 것은 아니었기 때문이다. 본래 혁신과 창조의 길은 기존에 없던 것을 새롭게 개척하는 것으로서 그 과정은 고통과 불안으로 점철될 수밖에 없는 것인데, 자기애적 성향은 이러한 두려움을 극복해낼 수 있는 용기와 추진력을 만들어 줄 수 있다. 영재들의 완벽주의 성향은 크게 2가지 양상으로 나타나는데, 하나는 자기 재능의 한계가 드러나지 않도록 아예 새로운 시도를 하지 않는 것이고, 다른 하나는 과잉된 자아를 연료 삼아 과잉 활동으로 나아가는 것이다. 위대한 결과물을 낳은 천재들은 대부분 후자에 해당했다. 그들은 자신의 과민함을 생의 에너지로 바꾸는 데 성공한 사람들이다. 이들의 화려한 업적 이면에는 고통이 숨겨져 있는 경우가 많으나 이 숨겨진 고통을 과도한 적극성으로 극복해 버렸다.

위대한 결과물을 창조하고 인류의 역사를 발전시킨 천재들이나 위인들은 나르시시즘을 어느 정도 가지고 있다고 해도 과언이 아닐 것이다. 엄청난 역경을 이겨내고 세상을 변화시키려면 그만큼 강한 신념이 있어야 하고 자신이 특별한 존재라고 생각하지 않으면 안 되는 것이기 때문이다. 그리고 필자는 나르시시즘을 그 자체로 특정한 정신 상태를 지칭하는 것이기보다는 스펙트럼으로 보고 있다. 즉, 누구나 나르시시즘은 가지고 있는데, 그 정도가 강하냐 약하냐의 차이만 있을 뿐이다. 나르시시즘의 강도가 너무 약한 사람은 자신의 존재를 부인하는 사람이고 너무 높은 사람은 자기 자신밖에 모르는 불행한 사람일 것이다. 에리히 프롬 역시 나르시시즘을 제2의 본능이라고 주장한다. 인간이 반드시 일정량의 음식을 섭취해야 육체적으로 생존할 수 있는 것처럼 인간이 정신적인 생명력을 유지하기 위해서는 적정 수준의 에고의 우월감이 꼭 충족되어야 한다는 것이다. 이것이 충족되지 않으면 우리는 정신적 결핍 상태에서 벗어나기 힘들 것이다. 병리적 상태에 나아가지 않은 적정한 나르시시즘은 과감한 도전과 훌륭한 성취를 위해 꼭 필요하다.

물론 지능이나 영재성을 너무 과시하지 않도록 하는 것이 좋다.

보통 사람들의 나르시시즘과 영재들의 나르시시즘에는 차이가 있는데, 영재의 경우 특정 분야에서는 정말로 뛰어나다는 점이다. 어떠한 강력한 신념에 의해 자신이 위험을 감수할만한 과업이 있다고 느끼는 영재들은 순간 모든 에너지와 집중력을 폭발시켜 그 장벽을 뛰어넘는다. 이들은 창조 활동에 따르는 두려움과 불안을 모두 극복할 수 있다. 자기 자신에 대한 긍정적인 착각이 두려움을 극복하게 만드는 것이다. 하지만 자신의 재능을 너무 앞세워서 주변 사람들을 무시하는 듯한 행동을 하지 않도록 지도할 필요가 있다. 타인의 주장을 무시하고 자기 생각만 고집하게 되면 주변에 적이 많아져 목표달성이 힘들어질 수 있다.

인간이 시기와 질투를 느끼는 대상은 '부자'나 '유명인'이 아니다. 인간은 자신과 너무 동떨어진 존재들에게서 질투를 느끼지 않는다. 주변에 자신과 처지가 비슷하지만 비범한 잠재력을 보이며, 언젠가는 자신을 추월할 것 같은 사람에게 위협을 느낀다.

이런 이유에서, 재능을 필요 이상으로 과시하는 것은 위험하다. 차라리 '겸손과 '성실'이라는 태도로 응대하게 하는 편이 낫다. 재능을 적절히 드러내는 것과 과시하는 것은 전혀 다른 차원의 문제다. 아이가 지나친 과시욕을 가지고 있을 경우 주변 사람들은 질투심을 가지고 아이의 영재성을 시험하려 들것이다. 하지만 대부분의 사람은 아이의의 영재성을 편협하거나 전혀 영재적이지 않은 방법으로 평가하려 들 것이기 때문에 그리 좋은 평가를 받기 어려울 것이다. 어떻게든 가장 눈에 띄는 약점을 잡아 공격하고 깎아내리려 할 것이다. 그리고 아이는 성장과정에서 각종 적개심과 회복 불가능한 상처가 생길 수도 있다. 그럴수록 인간관계에도 어려움을 보이게 될 것이다.

자기과시는 사실, 열등감에 기인하는 경우가 많다. 다른 사람들과의 이질감을 견디면서 상처를 받아온 영재들은 자신에게서 발견되는 남보다 탁월한 부분을 과도하게 내세워 에고의 우월성을 확보하려는 경향이 있다.

만약 아이의 과시욕이 열등감에서 비롯되는 것이라면 아이가 타인과의 비교를 통해 우월감을 얻기보다는 내면에 안정된 정체성을 확보하는 방향으로 나아갈 수 있도록 지도해야 한다.

진정으로 비범한 사람은 자신이 비범하다는 사실을 사람들에게 강조할 필요를 느끼지 못한다. 아이의 미래를 위해 쓰일 창조적 에너지가 불필요한 곳으로 분산되지 않도록 지도하자.

천국과 지옥 사이에서 :
영재들의 조울증(양극성 장애)

양극성 장애는 흔히 '조울증'으로 알려져 있다. 조울증은 의기소침한 상태와 흥분 상태가 번갈아 찾아오는 것을 특징으로 한다. 조증 상태에는 과도한 자기 존중감과 긍정적 사고로 과잉 활동성이 두드러지게 나타나지만, 우울 단계로 접어들면 활동성이 급격하게 하락하며 일반적인 우울증 환자와 임상적으로 같은 상태에 놓이게 된다. 그렇다면 이러한 조울증이 독보적인 결과물을 성취하는 것과 대체 무슨 관련이 있을까?

첫째는 조울증이 천재들의 활동성을 증대시키는 것과 관련이 있다. 전문가들에 의하면 조증이 나타나는 시기에 노르아드레날린이라는 신경전달물질이 비정상적으로 많이 분비된다고 한다. 이 신경 전달물질은 정보의 전달과 분석을 신속하게 만들기 때문에 결과적으로 창조적 능력 향상으로 이어지는 것이다. 이처럼 들뜬 조증 상태에서는 두뇌 회전이 빨라지기 때문에 예술 활동이 증가할 수 있으며 실제로, 유명한 예술 분야의 대가들이 조울증을 앓았다는 기록을 어렵잖게 찾아볼 수 있다. 고흐, 괴테, 다빈치, 테슬라, 링컨, 처칠, 히틀러, 케네디, 헤밍웨이, 헤르만 헤세 등 이름만 들어도 알만한 유명한 천재나 리더들이 조울증을 겪었던 것으로 알려져 있다.

우리에게 "내 사전에 불가능은 없다"는 명언으로 유명한 나폴레옹도 조울증을 겪은 것으로 추정된다. 나폴레옹은 잠을 하루에 2~3시간 자는 것으로 유명하며(물론 토막잠을 자기는 했다), 잠이 많은 사람을 어리석고 게으른 사람이라 여겨 경멸했다고 한다. 또한 그는 일에 한 번 몰두하면 15시간 동안 집중할 수 있었다. 그 당시 프랑스인들의 식사 시간이 2시간임을 고려할 때 식사를 10분 이내에 끝내는 나폴레옹은 엄청난 일 중독자였음을 짐작해볼 수 있을 것이다. 잠을 거의 자지 않고 설치고 다니는 데 지치기는커녕 에너지가 흘러넘치는 그의 모습은 나폴레옹을 비범한 사람 그 자체로 만들었다. 그의 무고갈 에너지는 어디서 나오는 것일까?

이를 두고 나폴레옹이 전형적인 조울증을 앓고 있었다는 분석이 많다. 고통과 피로를 느끼지 못하며, 굉장한 카리스마와 추진력을 발휘한 나폴레옹의 모습이 조증 상태에 있는 조울증 환자의 증상과 유사하다는 것이다. 이처럼 조울증은 천재들의 과잉활동성을 동반하기도 한다. 우울증을 앓는 천재들이 짧은 시간 동안 압도적인 성취를 이뤄내는 시기는 조증 상태에 있는 경우가 많다. 하루에 2~3시간 자면서도 지치지 않는 무한 체력을 보였던 나폴레옹도 워털루 전투나 러시아 전쟁 등에서 패전을 겪고 나서는 하루의 대부분을 침대 위에서 보냈으며, 감정조절에 어려움을 보이는 등 평소와는 정반대의 모습을 보였다.

반 고흐 역시 극심한 조울증 환자로 기분이 좋으면 천재성 발휘했다. 반 고흐는 살아생전에 자신의 그림을 팔아 소모된 물감을 겨우 구할 수 있을 정도의 궁핍한 생활을 했는데, 가난은 그를 너무도 비참하고 우울하게 만들었다. 하지만 이러한 고흐도 기분이 좋아질 때면 모든 것에 비정상적으로 낙관적이었으며 며칠간 아무것도 먹지 않고 오직 그림 그리기에만 몰두할 수 있었다.

둘째로, 조울증은 천재들에게 특별한 영감을 불어넣어 주기도 한다.

조울증을 앓게 되면 조증과 우울증 증세를 동반하는데, 우울한 상태에서는 비록 외적 활동성이 감소하지만, 내적 활동은 활성화된다. 즉 몽상을 말하는 것인데, 인간이 몽상에 빠진다는 것은 단순히 현실로부터의 도피로 보이지만, 그것 이상의 의미가 있다. 인간은 몽상에 빠질 때 '세상의 근본적인 진리'에 대한 높은 수준의 질문을 할 수 있으며 그 질문에 답하는 과정을 통해 점차 높은 깨달음에 도달할 수 있다. 예를 들어, 평범한 일상에서는 사소한 기쁨을 위해 "무엇을 먹을까?", "어떠한 옷을 입어야 할까?" 정도의 사유를 하지만, 우울한 상태에서 몽상에 빠지면 "삶이란 무엇인가?", "행복이란 무엇인가?", "삶의 목적은 행복에 있는가?" 등 더욱 고차원적인 문제에 집중할 수 있게 되는 것이다.

이러한 고뇌에 빠져있다가 다시 조증 상태로 돌아오는 순간 특별한 영감이 활동성을 통해 강력하게 발현되기 마련이다.

늘 걱정 없이 행복해하는 사람들의 특징은 어떤 문제에 대해 두 번 생각하지 않는 경향이 있다는 것이다. 실용성에 근거한 매우 일상적이고 단순한 생각을 하기 때문에 사물의 깊은 이면까지 꿰뚫어 보려고 시도하지 않는다. 아니, 할 필요를 느끼지 못한다. 당연히 전혀 일상적이지 않은 문제로 걱정하고 고민하는 사람들보다 창의적 문제해결 능력이 둔감할 수밖에 없다.

일반 영재들도 감정이 양극단을 오가는 모습을 보일 수 있다. 영재들은 정신 활동의 과잉성을 가지고 있기 때문에 생각이 쉴 새 없이 돌아가는 경우가 많다. 부정적인 기억이 떠오르거나 어두운 생각을 하는 동안에는 적지 않은 정신적 고통과 방황을 맞이하기도 하지만 느닷없이 긍정적인 기억이 떠오를 때면 한없이 좋아진다. 아이가 금세 울고 웃는다고 해서 조울증으로 오해해서는 안 될 것이다. 정확한 진단을 위해서는 반드시 정밀 검사를 받아야 한다.

제8장
이 시대가 요구하는 영재 :
어떠한 영재로 키울 것인가?

어떠한 영재로 키울 것인가?

선진국의 천재는 답 없는 문제의 답을 만들어 간다.

하지만 한국의 천재는 정해진 정답을 남보다 정확하게 서술해 내는데 급급하다.

전자는 세상을 바꿔가지만 후자는 타인과의 경쟁에서 앞서가는데 유리할 뿐이다.

더 큰 목표를 위해 움직이는 영재

자녀의 영성 지능을 개발하라

하워드 가드너는 지능을 8가지(음악적 지능, 신체 운동 지능, 논리 수학적 지능, 언어적 지능, 공간지능, 대인관계 지능, 자기이해 지능, 자연탐구 지능)로 나누어 발표했지만, 최근에는 9번째 지능으로서 영성 지능이 자주 언급된다. 영성 지능은 나머지 8가지 다중 지능들을 완성하는 최종 지능이다. 영성 지능이란 인생에 대해 심오한 질문을 할 줄 알게 하며, 실존에 대한 통찰력을 대변해 주는 지능이다. 존재론적 의미, 삶과 죽음, 행복의 의미, 삶의 근원적 가치에 대해 뚜렷하게 인지하고 추구할 수 있게 만든다. 이 지능은 삶의 목적과 방향에 대해 질문하고 고민하게 만들기 때문에 나머지 8가지 지능 중 어느 한 지능과 결합할 경우 굉장한 혁신과 창조를 이끌어 낼 수 있다. 영성 지능이 높은 아이들은 삶에서 어려운 상황을 마주한다고 해도 스스로의 과업을 찾아내고 그 과업에 대해 위대한 가치를 부여하기 때문에 모든 어려움을 극복해낼 수 있다.

대다수 부모들은 자녀의 재능과 꿈을 존중해 주면서, "넌 공부를 잘하는 아이니까, 꼭 판사가 될 수 있을 거야"라고 격려해준다. 물론 이러한 격려는 아이에게 자신감과 의욕을 북돋아 줄 수 있다. 하지만 영성 지능에 대해 잘 아는 부모라면 아이에게 다음과 같이 질문할 것이다.

"넌 커서 어떤 판사가 되고 싶니?",

"엄마는 네가 더 나은 사회를 위해 그 능력을 어떻게 쓸지 궁금하구나"

세상을 위해 무엇을 할 수 있는지, 삶의 목적이 무엇인지 고민하는 지능을 영성 지능이라 생각하면 쉽다.

영성 지능이 낮은 아이는 자신의 꿈이 의사, 변호사, CEO라고 말한다. 직업이 곧 꿈인 셈이다. 하지만 영성 지능이 높은 아이들은 직업 앞에 '어떠한'이라는 수식어를 붙인다.

변호사가 꿈이 아니라, 사회의 부당함에 맞서는 변호사, 억울한 사람들을 구해 주는 변호사가 되고 싶다고 말한다. 영성 지능을 기르기 위해서는 단순히 아이의 재능을 칭찬해주고 격려해주는 것으로 끝나선 안 된다. 아이가 자신의 천재성을 어떻게 활용할 것인지 질문을 통해 자극을 주고, 아이가 성장 과정에서 자신의 정체성에 대해 끊임없이 질문하고 대답할 수 있도록 해주어야 한다.

특별한 사명을 가지고 태어난 것 같은 느낌이 들 수 있도록 하면 아이의 영성 지능을 높일 수 있다. 불리한 환경을 극복하고 이 세상을 변화시킨 위인들의 이야기를 활용하는 것도 좋은 방법이다. 아이가 활동하고 싶어 하는 분야의 위인을 골라 그들의 이야기를 많이 들려주자. 그러면 아이들은 어느새 자신의 내면에 영웅을 키우고 자기 자신의 위치를 영웅과 같은 수준으로 끌어올릴 것이다. 그러면 아이는 어떠한 역경과 두려움 앞에서도 겁먹지 않고 당당하게 자신의 삶을 개척할 수 있을 것이다. 처음에는 직업 앞에 붙는 '어떠한'이라는 수

식어가 다분히 추상적이고 포괄적이겠지만 아이 스스로 인생에 대해 질문해 가는 과정에서 점차 구체화 될 것이다. 영재아는 자아가 강하고 어린 시절부터 철학적이고 거시적인 문제에 관심을 갖기 때문에 적절한 지도만 곁들이면 보통 아이들보다 높은 영성지수를 가질 수 있을 것이다. 영재아가 자신의 재능을 어떻게 발현시킬지는 스스로의 삶을 대하는 태도에 달려있다고 할 것이다.

자아가 강하고 특정 분야에 우수한 잠재력을 보이는 영재들이 높은 영성 지능까지 얻게 된다면 변화와 혁신을 주도하는 천재로 성장해 나갈 가능성이 크다.

현실이나 물질적 가치에 안주하지 않고 이 세상의 근원적 가치와 존재 목적에 대해 큰 질문을 하면서 그 질문이 이끄는 방향으로 발걸음을 내딛게 되는 것이다. 이처럼 재능은 그 자체가 중요한 것이 아니다. 어떠한 신념과 방향으로 발현시킬 것인지 스스로에게 질문하고 답을 찾아내는 과정이 중요하다.

같은 재능으로 정반대의 삶을 살다.
괴테와 괴벨스는 둘 다 천재적인 언어적 재능을 가지고 태어났다.
하지만 괴테는 수많은 사람들에게 감동을 주는 위대한 문학가가 되었고,
괴벨스는 희대의 학살자, 선동가가 되었다.

괴테의 말
고난이 있을 때마다.
그것이 참된 인간이 되어가는 과정임을 기억해야 한다.
식지 않는 열과 성의를 가져라.
당신은 드디어 일생의 빛을 얻을 것이다.

괴벨스의 말

나에게 한 문장만 달라.

누구든지 범죄자로 만들 수 있다.

선동은 한 문장으로도 가능하지만, 그것을 반박하려면 수십장의 문서와 증거가 필요하다.

그리고 그것을 반박하려고 할 때에 이미 대중들은 선동되어 있다.

나름대로 천재성을 지니고 태어나는 영재들이지만, 어떤 영재는 자신의 재능을 펼치고 어떤 영재는 커가면서 점차 평범한 사람으로 변한다. 또 재능을 펼치는 영재들도 인류의 발전을 위해 공헌을 하는 영재가 있지만, 범죄에 자신의 재능을 활용하는 영재도 존재한다. 이 차이는 어디에서 오는가?

성적표를 뛰어넘는 영재

있는 그대로의 사실을 배우기 위해서라면 굳이 대학에 갈 필요가 없다.
그건 책으로도 충분하다.
대학의 진정한 가치는 단순한 사실의 습득이 아니라
책에서 배우기 힘든 뭔가를 상상할 수 있도록 훈련하는 데 있다.
_아인슈타인

선진국의 천재는 답 없는 문제의 답을 만들어 간다. 하지만 한국의 천재는 정해진 정답을 남보다 정확하게 서술해 내는 데 급급하다. 전자는 세상을 바꿔 가지만, 후자는 타인과의 경쟁에서 앞서가는 데 유리할 뿐이다.

아이들은 이 세상을 자유롭게 해석하고 사고할 수 있는 인지적 특성을 보이는데, 이것은 창의성과 밀접한 관련이 있다. 하지만 획일적인 정답을 강요하는 교육은 아이들이 규정된 틀에 들어맞도록 강요하며, 이 과정에서 아이들의 사고는 수용적으로 변해간다. 시험지에 등장하는 문제에 정답을 찾아내는 능력은 탁월하지만 자기 주체적으로 사고하는 능력은 줄어드는 범재가 되어간다. 영재아를 둔 부모라면 이 점을 경계해야 한다.

일례로, 우리의 수학 교육은 현장에서 어떻게 이루어지고 있는가? 본래 수학은 정답을 빨리 찾는 학문이 아니다. 어떠한 원리로 이런 공식이 만들어졌는가? 어떠한 원리로 정답이 도출되고 그 정답에 이르는 다른 풀이법은 무엇인가를 사색하면서 그 근본 원리를 이해하는 과정이 필요한 학문이다.

하지만 우리 학생들이 하고 있는 것은 수학 공부가 아니라 수학 문제를 푸는 방법을 공부하고 있다. 답을 찾아내는 가장 효율적인 풀이법에 의존할 수밖에 없는 것이 현실이다. 지적 탐구를 위한 다른 시도들은 경쟁에서 비효율적이기 때문에 불필요한 과정일 뿐이다. 이러한 교육에 익숙해지게 되면 성적이 우수한 학생들은 당장 넘쳐날 수 있다. 실제로, 한국의 학생들은 미국과 유럽 학생들보다 어려운 수학 문제의 답을 빨리 찾아낼 수 있다. 하지만 정작 이 학생들이 성장하고 나면 답 없는 수학 난제에 답을 찾아낼 수준의 학자들은 거의 나오지 않는다. 답 없는 문제에 답을 만들어내는 대부분의 천재들은 미국과 유럽에서 나온다.

유학길에 오른 한국 학생들도 사정이 크게 다르지 않다. 한국의 유학생들은 미국 학생들보다 높은 학점을 받으며 논문자격 시험도 더욱 우수한 점수로 통과한다. 하지만 '학점'이나 '논문자격시험'은 결국 책 속에 답이 존재하는 시험일뿐이다. 논문자격시험을 통과하고 나면 이제부터 답 없는 문제에 답을 만들어야 하는 모험(논문작성)이 시작되는데, 이는 누군가 가본 적 없는 길을 스스로 개척해야 하는 일이다. 여기서부터 한국의 유학생들은 한계에 부딪히고 만다. 결국, 학점이나 논문자격시험에서 별 볼 일 없었던 미국 학생들이 훨씬 더 창의적이고 혁신적인 논문을 만들어낸다. 이들은 아무리 엉뚱한 생각이라도 스스로를 의심하지 않고 표현하는 것이 어린 시절부터 훈련되어 왔다. 처음에는 궤변을 늘어놓기도 하고 우스꽝스러운 가설을 세우지만, 점차 자신만의 생각을 정교화시켜가면서 결국 독창적이고 참신한 논문을 만들어 낸다.

교육 선진국의 학생들은 자유로운 사고와 토론이 중시되는 교육 시스템에서 자라난다. 다소 엉뚱하고 이상한 발상을 하더라도 한국의 학생들보다는 존중받는 교육 분위기 속에서 성장한다. 반면 한국 학생들은 답이 있는 문제에 답을 구하는 것을 최고의 학습 목표로 여긴다. 교사와 다른 견해를 갖는 것, 모범 답안에서 조금이라도 벗어나는 발상을 하는 것은 불이익을 자초하는 일이 된다. 책에 적혀 있는 것, 해설지에 풀이된 것이 모범이고, 그것을 그대로 따라하고 수용하는데 길든다. 그래서 이들이 장차 성장하면, 답 없는 문제에 답을 만들어가지 못한다. 획일적인 정답만 강요받아왔기 때문에, 조금이라도 엉뚱한 발상을 할 수가 없다. 이들의 머릿속에는 오직 정답과 오답 2가지만 존재하기 때문이다.

진정한 배움은 맹목적 지식 추종자가 아닌 지식의 생산자, 사색가로 거듭나는 과정에 있다. 학교는 '정답'을 말하는 학생이 아니라 독자적 사유를 통해 남다른 질문을 쏟아내는 학생들을 양성해야 한다. 답을 찾는 데 익숙한 학생들은 모든 문제는 정답이 이미 정해져 있다고 생각한다. 다른 사람들과 다른 대답을 내놓는 것에 대해 불편한 감정을 느끼기 쉽다. 하지만 질문을 하는데 익숙해진 학생들은 자신의 고유성에 대해 자신감을 갖는다. 자신이 남과 다르다는 것에 대해 부끄러움을 느끼지 않는다. 자신의 견해에 대해 확신을 갖고 밀어붙인다.

교과서에 존재하는 이론과 공식을 그대로 흡수하고 사교육을 통해 문제를 반복 숙달하는 영재는 분명 학업 성적이 높을 것이다. 하지만 세상의 변화와 혁신을 주도할 위대한 영재의 탄생을 기대한다면, 아이들에게 하나의 정답만을 강요하지 말고 아이들의 자유로운 상상력을 존중해주고 그것을 표현하게 해 주자. 누군가가 잘못된 것, 이상한 것으로 취급한다고 해도 주눅이 들지 않으며 외부의 강요에 내부의 의지를 꺾지 않는 영재, 자신 내면의 고유성을 억압하지 않고 적극 방출하는 영재가 필요하다.

· '공감'이라는 것이 사회적으로 항상 좋은 기능만 하는 걸까?

· 이 부분에 대해 어떻게 생각하니? 그렇게 주장하는 근거는?

· 이 기사가 객관적인 사실일까? 혹시 누락되거나 왜곡된 편집은 아닐까?

· 통계자료라고 해서 모두 사실일까? 유도성 설문조사는 아닐까? 모집단에 오류가 있는 것은 아닐까?

· 이 문제를 완화할 수 있는 너만의 대안은 무엇이니?

세상의 정답에 굴복하지 않는 영재

'올바름'을 넘어서는 자만이 새로운 가능성을 엿볼 수 있다. 여기서 '올바른 것'이란 '이해할 수 있는 것', '당연한 것', '논리적 측면에서 합리적이고 타당한 것'을 의미한다. 평범한 사람들은 자신이 이해할 수 있는 것만큼만 세상을 이해할 수 있고, 이해할 수 없는 것, 생소한 것은 틀린 것으로 간주하는 경향이 있다. 하지만 충분한 지식과 경험을 축적한 영재들이라면 '올바르고 당연한 것'도 의심할 수 있는 통찰력과 직관을 발휘할 수 있을 것이다. 모든 것을 의심하고 진리를 탐구하려는 이들의 태도를, 오만하고 부정적인 것으로만 낙인찍지는 말자.

논리란 인간의 사고를 체계적으로 기술하는 원리이자 원칙이다. 논리가 공적으로 수용되면 이론이 되고 이론이 일상에서 반복되어 굳어져 버리면 '상식'이 된다. 한 때 "지구가 우주의 중심으로 고정되어 있어서 움직이지 않으며,

달·태양·행성들이 지구의 둘레를 돈다"라는 명제가 상식이었던 사회가 있었다. 하지만 '상식'에 대해 의문을 제기하는 것. '보편적 통념', '당연한 것'에 대해 의심하는 것. 여기서부터 철학은 시작되며, 또 이러한 사고를 할 수 있는 자들이 인류를 발전시키고 오늘날 역사에 이름을 남긴 천재가 되었다.

20세기의 미술사를 주도한 피카소의 큐비즘도 처음엔 대중들의 호응을 얻지 못했다. 큐비즘은 사물의 각 면을 분할하여 새롭게 조합하고, 사물의 특징을 기하학적으로 축소 왜곡함으로써 대상의 모습을 드러내는 방식이다. 그 당시로써는 너무 파격적이고 난해하여 받아들이기 어려운 기법일 수도 있다. 대중들은 피카소의 전통 파괴적 사실 묘사 방식에 대해 서늘한 반응을 보였으며, 평소에 그의 작품세계를 칭송하던 지인들마저 냉담한 반응을 보일 뿐이었다.

하지만 그 당시 대중들의 공감을 얻지 못했던 큐비즘은 오늘날 피카소를 대표하는 장르가 되었으며, 오늘날까지도 수많은 작품에 영향을 미치고 있다.

피카소의 큐비즘은 미적 기준을 떠나서 새로운 장르를 개척했다는 점에서 큰 의의가 있다. 그는 자신만의 독특한 신념에 따라 살기 위해 노력했으며 '권위'와 '규칙'에 항상 의문을 제기하면서 '예술적 한계'라는 벽을 넓혀갔다.

자신의 스승인 프로이트에게 맞서 독자적인 이론을 펼쳐 나간 아들러 역시 진정한 천재다. (그 당시 인간은 의식이 아닌 무의식의 지배를 많이 받는다고 주장했던 프로이트도 물론 천재다) 프로이트는 인간이라는 존재는 과거의 경험에 지배를 받으며, 과거의 트라우마가 인간의 미래에 큰 영향을 미친다고 주장했다. 그 당시 심리학계에서 프로이트가 차지하는 위상이 대단했기 때문에 대다수가 이를 받아들이는 분위기였다. 하지만 그의 제자인 아들러는 목적론을 역설한다. 즉, 인간은 과거 경험에 의해, 트라우마에 의해 지배받는 존재가 아니라, 현재 목적에 따라 과거 경험을 취사 선택하며 자신의 의지에 따라 미래를 충분히 바꿀 수 있다고 보았던 것이다. 따라서 아들러에 따르면 트라우마는 없다.

아들러는 그 당시 학계에서 비웃음을 샀지만, 아들러는 오늘날 심리학의 3대 거장으로 불린다. 반면, 프로이트의 이론을 맹목적으로 수용하고 그의 권위에 의존했던 다른 제자들은 역사에 이름을 남기지 못했다.

모든 사람이 불가능하다고 생각할 때, 동력 비행기의 가능성을 꿰뚫어 본 라이트 형제도 진정한 천재다. 당시의 일반인들은 물론 지식인들로 구성된 과학계마저 동력 비행기에 대해 굉장히 회의적인 반응을 보였다. 하지만 라이트 형제는 자신들을 향한 온갖 비웃음과 비난 속에서도 세상의 상식이 틀렸다는 자신들의 판단을 믿었다. 그들이 보기에는 분명히 가능한 일이었기 때문이다.

이러한 역사 속의 천재들을 보고 있자니, "재능있는 자는 보이는 과녁을 맞히고, 천재는 보이지 않는 과녁을 맞힌다"는 쇼펜하우어의 명언을 되새기지 않을 수 없게 된다. 기존의 질서에서 가장 앞서나가는 사람을 '수재'라 한다면, 독창적 결과물을 창조하여 새로운 질서를 도입하는 사람을 '천재'라 할 수 있을 것이다.

당시, 천재들은 자신들의 앞서가는 생각이 그 시대의 상식과 부조화를 초래할 것을 알면서도 그 뜻을 굽히지 않았다. 그렇다면 오늘날 대한민국의 영재들은 자유롭고 기발한 발상으로 상식을 깨뜨릴 수 있을까? 이들에게 필요한 교육은 무엇일까?

행복한 영재

"더 큰 목표를 갖는다", "성적표를 뛰어넘는다", "세상의 정답에 굴복하지 않는다"와 같은 표현은 그 자체로 매우 비장한 말이다. 세상의 무거운 짐을 짊어져야 하는 일이기도 하다. 실제로 대단한 기질을 타고난 영재라면 묵묵히 이러한 길을 걸어갈 수도 있다.

하지만 꼭 알베르트 아인슈타인이나 스티브 잡스처럼 되어야만 꿈으로서의 가치를 갖는 것은 아니다. 이들에게 필요한 것은 단지 평범한 일상에서, 자신의 주변에서 무엇인가를 발견해내고 새로운 시도를 함으로써 삶의 어떠한 부분을 창조적으로 변화시켜 나가는 것이다. 창조적 능력을 타고난 이들은 자신들의 에너지를 적절히 발산하지 않으면, 억압된 삶을 살 가능성이 높기 때문이다.

'1등'이라는 명패는 이들에게 어느 정도의 성취감을 제공해주겠지만 내면에 억압된 창조적 에너지를 완벽하게 보상해 주지는 못한다.

행복한 영재란 외부의 기준보다도 자신의 '의도'에 집중할 수 있는 영재라고 할 수 있다.

앞서 설명한 천재들이 위대한 결과물을 창출했던 것도 누군가 이들에게 이러한 삶을 살라고 강요했기 때문이 아니다. 이들은 단지 자신이 흥미를 느끼는 것, 자신이 하고 싶어 하는 것에 집중했을 뿐이다. 자신의 의도에 집중하고 또 그렇게 사는 것이 그들에겐 행복한 일이었던 것이다. 그들은 자신들의 자율과 선택에 따라 스스로의 인생을 주도했고 그 과정에서 위대한 길을 걷게 되었을 뿐이다.

영재들의 목표는 성공이 아니다.

자신의 의도에 집중하고 창조적인 에너지를 발산하는 과정 자체에 행복이 있기 때문이다. 그리고 이렇게 행복한 영재들이 많아질 때 사회 역시 좀 더 창조적인 방향으로 나아갈 수 있을 것이다. 그리고 이들 중 스티브 잡스와 같은 위인이 나오지 못할 이유가 없다고 본다.

행복한 영재가 되기 위해서는 가짜 자아를 벗어 던져야 한다.

우리는 사회적으로 용인되는 것, 예의 바른 것, 의무적인 것만을 하도록 교육받았다. 반면, 하고 싶은 것, 좋아하는 것을 하는 것에는 늘 엄격했다.

다른 사람의 기대에 부응하기 위해, 좀 더 보편적인 사람이 되기 위해 가짜 자아를 만들어내었다.

가짜 자아란 심리학적으로 상처받기 쉬운 진짜 자아를 보호하기 위해 만들어낸 왜곡된 인격을 의미한다. 대외용 인격은 천재성을 생산적인 곳에 쓰지 못하고 대외용 인격을 유지하는데 소진하도록 만든다. 내면의 이중성은 순수한 욕망과 타인에 의해 주입된 욕망 사이에서 이들을 우왕좌왕하게 만들고 있다. 창조적 에너지를 타고난 영재들이 행복한 삶을 살기 위해서는 타고난 남다른 기질을 숨기기보다는 적절한 방식으로 표출해야만 한다.

혁신적이고자 하는 분야에 대해서만 혁신적이면 된다.

천재들이 여러 가지 위험을 감내한 것은 사실이지만 그들이 무턱대고 위험에 자신을 노출 시킨 것은 아니었다.

독창성의 천재들이나 혁신가들을 보면 이들이 처음부터 모든 것들에 대해 도전적이었다기 보다는 자신이 연구하는 분야와 혁신을 이루려는 분야에 대해서만 도전적이었다.

특정한 분야에 과감히 도전하되 삶의 다른 부분은 안정되어 있는 것이 좋다.

위험과 안전성 모두 고려해 포트폴리오를 꾸려야 한다.

에필로그 : 독단자(獨斷者)가 된다는 것

일반 사람들은 고독 속에서 자신의 무가치함을 깨닫고,
빼어난 사람들은 자신의 위대함을 느낀다.
즉, 각자 고독 속에서 '참된 자아'를 깨닫게 된다.
_쇼펜하우어

오늘날은 한 사람의 재능보다는 '협력과 팀'의 가치가 더 중요시되는 사회다. 심지어, 지구 반대편에 있는 사람들도 연결되어있다. 연결되는 것은 비단 사람뿐만이 아니다. 서로 다른 분야의 학문과 기술도 서로 연결되어 시너지 효과를 낸다. 이러한 세상에서 누군가와 함께 있지 못하고 홀로 존재한다는 것은 그 자체로 부끄럽고 무엇인가 결여된 존재처럼 느껴진다. 식당에서 혼자 밥을 먹는 것은 어딘가 모르게 마음이 불편하다. 그래서 사람들은 강박적으로 누군가와 연결되어 있다는 것을 증명하고 싶어 하고 스스로가 연결된 존재임을 재확인하면서 정서적 안정과 우월감을 확보하려 든다.

각종 학자와 경영 전문가들도 스티브 잡스와 스티브 워즈니악, 워런 버핏과 찰리 멍거 등 현시대의 유명한 천재들의 사례를 들면서 창조성은 혼자일 때보다 누군가와 함께할 때 배가된다는 논지를 강조한다. 물론 그 논지는 맞는 말이며 혼자보다는 다른 사람과의 연결을 통해 창조성은 더욱 빛을 발할 수 있다.

하지만 우리 사회는 '연결과 관계'만을 너무 강조하다 보니 정작 가장 본질적인 부분은 놓치고 있다. 그것은 바로 연결 이전에 개인 스스로가 '독단자로서' 존재하는 일이다. 이것은 생산적인 '연결'을 위해 반드시 선행되어야 할 조건이다.

시너지 효과라는 것은 고유성과 독립성이 확보된 주체들이 연결되어 발생하는 것이다. 비슷한 생각들로 무장한 사람들에게는 창조성을 기대하기 어렵다. 오직 지적으로 자립 가능한 개인들만이 창조적인 '연결'을 이뤄낼 수 있다.

독단자가 된다는 것은 자신의 고유성을 지켜내고 개인이 집단과 분리된 독립된 주체로서 우뚝 서는 일이다. 또한 이것은 고독을 자연스러운 삶의 일부로 받아들인다는 것을 의미한다.

여기서 말하는 '고독'은 '외로움'과 질적으로 다르다. 외로움이란 자신이 다른 존재들과 사교적으로, 물리적으로 단절되었을 때 느끼는 감정이다. 이러한 감정은 그들과 다시 가까운 거리를 유지함으로써 해소될 수 있다. 하지만 고독은 다르다. 고독은 지적으로 탁월한 고유성을 보유한 사람들이 느끼는 감정이다. 이들은 다른 사람들과의 사교적 거리와 상관없이 늘 고독을 느낀다.

고독은 병리 현상이 아니다. 고독을 두려워하는 것이 비정상이다. 고독을 두려워하는 사람은 누군가를 닮으려고 한다. 똑같이 따라 하려고 한다. 자신만의 주체적 판단을 포기하고 외부의 지배적인 기준과 가치를 그대로 수용한다. 독립된 주체로서 존재할 힘과 용기가 부족하기 때문에 항상 어떤 무리 안에 종속되는 것에 필요 이상으로 집착한다. 소속된 집단의 우월성을 자신의 자아와 연결시키고 동일시한다. 반면, 고독한 사람은 꿈을 꾼다. 내면에 자기만의 고유한 세계를 건설한다. 이미 확립된 가치나 기준을 넘어서려고 노력한다. 정신적으로 독립된 이들은 아무리 외부에 지배적인 기준이 존재한다고 해도 주체적으로 질문하고 사색하는 과정을 거친다. 지금까지의 모든 위대한 창조적 결과물들은 이들이 만들어낸 꿈의 결과이다. 진정한 의미에서의 고독을 누리고 있다면 이미 내면에 창조성의 씨앗이 심어져 있는 것이다.

고독의 시간은 자신에 대해 깊게 사색할 수 있는 적절한 환경을 만들어 준다. 빌 게이츠를 비롯한 글로벌 리더들 역시 정기적으로 외부와 차단한 채 혼자 사색하는 시간을 갖는데, 그만큼 홀로 사색하는 시간은 개인의 운명을 좌우할 정도로 중요하다. 스티브 잡스와 애플을 공동 창업한 스티브 워즈니악 역시 혼자 있는 시간이 최고의 능률을 올리는 시간이라고 말한다.

어떤 사람은 말한다.

"독단자라는 존재는 결국 폐쇄적인 존재가 아닙니까?"

"모두가 자신의 고유성에만 집중하면 공동체가 잘 돌아가겠습니까?"

하지만 자신의 주체성을 버리고 외부의 지배적 기준을 맹목적으로 수용하는 사람들이 사회를 더욱 폐쇄적으로 만들고 공동체를 위험에 빠뜨릴 수 있음을 알아야 한다. 사실 위의 질문은 한국의 교육체계 내에서 대단히 모범적으로 교육받았던 사람들이 할 수 있는 질문이다.

외부의 보편적 기준을 습관적으로 수용하는 모범적인 사람들은 생각의 폭이 훨씬 좁고 완고하다. 기존의 익숙한 논리로만 모든 것을 판단하고 다스리려고 하기 때문에 새로운 것을 받아들일 수 있을 만큼 유연하지 못하다. 대세만으로 진리를 판단하기 때문에 아무리 잘못된 이념이라도 대다수가 떠받드는 것이라면 무의식적으로 수용해버리고 그것으로 세상의 모든 것을 재단하고 만다. 이들은 자신의 인지 체계를 넘어서는 것, 자신에게 익숙하지 않은 것을 모두 틀린 것으로 간주하는 경향이 있다. 지적으로 게으르기 때문에 모든 것을 "좋다", "나쁘다"로 나누어 판별할 뿐 그것이 사실인지 아닌지를 주체적으로 판단하지 못한다. '단결력', '공감'이라는 명분으로 다수 군중이 내린 판단을 그대로 수용하고 학습한다. 이와 같은 사람들이 공동체 내에 많아질수록 '지성이 결여된 공감' 팽배하게 되고 공동체는 한순간에 잘못된 방향으로 나아가기 쉽다.

반면 외부의 기준에 종속되지 않고 지적으로 독립된 사람들은 언제나 새로운 가능성에 열려있는 사람들이다. 자신에게 익숙하지 않은 것들도, 모두가 좋다고 하는 것들도 반드시 사유하는 과정을 거쳐 판단한다. 사회 곳곳에서 나타나는 변화의 징후를 예민하게 지각하고 이미 확립된 가치와 기준을 넘어서는 창의적인 생각을 한다. 불협화음을 일으키며 공감 능력이 부족할 것처럼 보이지만 사실은 이들이 사회를 올바른 방향으로, 훨씬 더 창의적이고 개방적인 방향으로 나아가게 만든다.

말 안 듣는 우리 아이가 영재였다니

초판 1쇄 발행 ㅣ 2019년 7월 16일

지은이 ㅣ 신성권
펴낸이 ㅣ 김지연
펴낸곳 ㅣ 생각의빛

주 소 ㅣ 경기도 파주시 한빛로 70 515-501

출판등록 ㅣ 2018년 8월 6일 제 406-2018-000094호

ISBN ㅣ 979-11-90082-11-2 (03590)

원고 투고 ㅣ sangkac@nate.com

* 값 13,200원

* 생각의빛은 삶의 감동을 이끌어내는 진솔한 책을 발간하고 있습니
다. 참신한 원고가 준비되셨다면 망설이지 마시고 연락주세요.

이 도서의 국립중앙도서관 출판예정도서목록(CIP)은 서지정보유통지
원시스템 홈페이지(http://seoji.nl.go.kr)와 국가자료종합목록 구축시스
템(http://kolis-net.nl.go.kr)에서 이용하실 수 있습니다. (CIP제어번호 :
CIP2019024200)